CW00506342

HISTOIRE NATURELLE.

BOTANIQUE.

NOTICE SUR SEIZE ESPÈCES DU GENRE SEPTORIA, RÉCEMMENT
DÉCOUVERTES EN FRANCE, ET LA PLUPART INÉDITES;

NOTE SUR LE SPHÆRIA BUXI;

NOUVELLE NOTICE SUR QUELQUES PLANTES CRYPTOGAMES, LA PLUPART INÉDITES,
RÉCEMMENT DÉCOUVERTES EN FRANCE, ET QUI VONT PARAÎTRE EN
NATURE DANS LA COLLECTION PUBLIÉE PAR L'AUTEUR,

J.-B.-H.-J. DESMAZIERES.

Extrait des Mémoires de la Société royale des Sciences, de l'Agriculture
et des Arts de Lille.

LILLE,

IMPRIMERIE DE L. DANEL, GRANDE-PLACE.

—

1843.

HISTOIRE NATURELLE.

BOTANIQUE.

MYCÉTOLOGIE.

Notice sur seize espèces du genre SEPTORIA *, récemment découvertes en France, et la plupart inédites,*

Par J.-B.-H.-J. DESMAZIERES.

18 MARS 1842.

1. SEPTORIA TRILICI , Rob. inéd. — Nob., Pl. Crypt., édit. 1,
N.º 1169 ; édit. 2, N.º 669.

*S. Amphigena. Maculis linearibus, parvis, lutescentibus aut
rufis, dein albescentibus subexaridis. Perilheciis innatis, minutissimis, nigris, ovatis rotundatisve, ore orbiculari apertis.
Cirrhis carneis; sporidiis elongatis, linearibus, curvato flexuosis;
sporulis 9-12 opacis, vix distinctis. Habitat in foliis languescentibus Triticorum cultorum. Æstate. N.*

M. Roberge , à qui nous avons fait entrevoir les richesses
encore peu connues de notre genre *Septoria*, a découvert cette
espèce sur les deux faces de la feuille du froment , mais principalement à la face inférieure ; les mêmes périthéciums se
montrent quelquefois des deux côtés. Il forme de petites taches,
d'abord jaunâtres, puis rousses, et enfin blanchâtres, par la
destruction du parenchyme. Ces taches sont linéaires , souvent
confluentes; elles portent de très-petits périthéciums noirs,

nichés sous l'épiderme, qu'ils soulèvent, et remplis de sporidies
qui s'échappent sous forme de gros filets courts, couleur de
chair. Ces sporidies ont depuis 1/30 jusqu'à 1/20 de millimètre
de longueur; elles sont linéaires, courbées ou flexueuses, et
renferment environ 9 à 12 sporules opaques peu distinctes.

2. SEPTORIA ELÆAGNI, Nob., Pl. crypt., édit. 1, N.º 1170;
édit. 2, N.º 670.

*S. Epiphylla. Maculis minutis, rotundatis, quandoque con-
fluentibus, albidis, exaridis, ambitu brunneo cinctis. Peritheciis
minutissimis, nigris, subglobosis, ore orbiculari apertis. Cirrhis
albidis; sporidiis cylindricis, obtusis, sublinearibus, curvatis,
raro rectis; sporulis 4-7, globosis, opacis, vix distinctis.
Hab. in-foliis languescentibus Elæagni angustifolii. Autumno.*
Depazea Elæagni, Chev. Fl. Paris.

Quoique M. Chevallier ait signalé cette espèce dans son genre
Depazea, de la Flore des environs de Paris, on ne la trouve
pas reprise dans le *Botanicon gallicum*. Elle vient, en automne,
à la face supérieure des feuilles mourantes de l'*Elæagnus an-
gustifolia*. Ses taches arrondies, quelquefois confluentes, ont
2 à 4 millimètres. Les sporidies sont fort inégales en longueur,
mais les plus longues ont 1/50 de millimètre. Les sporules ne
sont pas bien distinctes, du moins dans les nombreux échantillons que nous avons soumis au microscope, et la sporidie,
vue sous un certain jour, paraît plutôt comme cloisonnée.

3. SEPTORIA POLYGONORUM, Nob., Pl. crypt., édit. 1, N.º 1171
édit. 2, N.º 671.

*S. Epiphylla. Maculis parvis, rotundatis, fulvis, in ambitu
purpureis. Peritheciis innatis, minutissimis, fusco-pallidis,
ore orbiculari latè apertis, dein concavis. Cirrhis.... sporidiis
linearibus, curvatis; sporulis numerosis, opacis, vix distinctis.
Hab. in variis Polygoni speciebus. Æstate et autumno.*

Les sporidies sont inégales en longueur : nous en avons vu qui avaient 1/30 de millimètre, d'autres 1/40. Notre description a été faite sur le sec, et nous n'avons pu parvenir à voir les cirrhes, quoiqu'on réussisse assez souvent à les faire sortir des périthéciums, en plaçant les feuilles à l'humidité.

4. SEPTORIA DULCAMARÆ, Nob.

S. Epiphylla. Maculis parvis, suborbiculatis, brunneo-griseis, demùm albidis exaridis, in ambitu fuscis. Peritheciis innatis, minutissimis, punctiformibus nigris. Cirrhis tenerrimis carneis; sporidiis longis, linearibus rectis vel flexuosis, multo-septatis. Hab. in-foliis languescentibus Solani Dulcamarœ. Autumno.

Il naît à la face supérieure des feuilles languissantes ou mourantes du *Solanum Dulcamara*, et y produit des taches brunes et grisâtres d'abord, puis blanchâtres et arides au centre, et brunes à la circonférence. Ces taches sont arrondies, quelquefois confluentes, et acquièrent de 3 à 5 millimètres et plus de diamètre. Elles portent de très-petits périthéciums ponctiformes et noirâtres qui paraissent demi-transparens aucentre lorsqu'on les examine à la loupe en regard de la lumière. La substance sporidiifère s'en échappe en cirrhes ou filets d'un blanc carné et soyeux. Soumise au microscope, dans une goutte d'eau, ces filets se résolvent en sporidies de 1/15 à 1/20 de millimètre de longueur, très-étroites, linéaires, hyalines droites ou légèrement flexueuses, un peu plus grosses à l'une des extrémités, et pourvues d'un grand nombre de cloisons très-rapprochées et qui feraient croire que l'on observe une partie d'un filament d'une fine Oscillaire. Ces cloisons nous ont été bien apparentes au grossissement de 350, et, avec une lumière assez forte, à un pouvoir amplifiant beaucoup plus considérable, nous n'avons pu les apercevoir.

5. Septoria Convolvuli, Nob., Pl. crypt., édit. 1, N.º 1172 ; édit. 2, N.º 672.

S. Epiphylla. Maculis orbiculatis, dein confluentibus irregularibus, rufo-fuligineis, vel albidis exaridis variegatis subzonatis vix circumscriptis. Peritheciis innatis, minutissimis, fusco-nigricantibus, ore orbiculari latè apertis. Cirrhis..... sporidiis elongatis, linearibus, curvatis vel erectis; sporulis 10-14, globosis, opacis. Hab. in foliis languescentibus Convolvuli sepium. Æstate.

Sphœria Lichenoides, var. Convolvulicola, *Dec. Fl. fr.* — Depazea Gentianœcola, b., Convolvulicola, *Fr. Syst. Myc.* — *Duby, Bot.*

Les sporidies ont depuis 1/35 jusqu'à 1/25 de millimètre de longueur.

6. Septoria Villarslæ, Nob. Pl. crypt., édit. 1, N.º 1173; édit. 2, N.º 673.

S. Epiphylla. Maculis parvis, rufo-griseis, suborbiculatis, sparsis vel confluentibus. Peritheciis innatis, minutissimis, numerosis, nigris. Cirrhis tenuissimis, albis. Sporidiis elongatis, linearibus, rectis vel subflexuosis, multo-septatis. Hab. in-foliis vivis Villarsiæ Nymphoïdeœ.

Cette espèce nous a été adressée, sans nom, par M. Lenormand, qui l'a trouvée à St.-Sauveur-le-Vicomte (Manche). Les taches qu'elle forme à la face supérieure des feuilles du *Villarsia Nymphoïdes,* sont assez nombreuses et ont ordinairement de 3 à 5 millimètres de diamètre. Les périthéciums sont épars sur toute leur surface, et les sporidies, qui s'en échappent en cirrhes capillaires, ont 1 20 à 1/30 de millimètre de longueur.

7. Septoria Petroselini, Nob., Pl. crypt., édit. 1, N.º 1174; dit. 2, N.º 674.

*S. Epiphylla. Maculis albis, exaridis, rotundatis vel inde-
terminatis. Peritheciis minutissimis, fusco-nigris, ore orbiculari
apertis. Cirrhis albidis. Sporidiis elongatis, linearibus, rectis;
sporulis 7-10, globosis, opacis. Hab. in foliis languescentibus
Apii Petroselini. Æstate et autumno.*

Ascochyta Petroselini, *Lib. Crypt. ard.* — Depazea Petroselini, *Nob., Ann. des Sc. nat.*

Cette espèce se trouve, dans les jardins, à la face supérieure
des feuilles languissantes du Persil. Ses sporidies, droites ou
presque droites, ont environ 1/25 de millimètre de longueur.

8. SEPTORIA HYDROCOTYLES, Nob. Pl. crypt., édit. 1, N.º 1175;
édit. 2, N.º 675.

*S. Epiphylla. Maculis irregularibus, rufis vel fuligineis,
dein exaridis. Peritheciis minutissimis innatis, vix distinctis,
ore orbiculari apertis. Cirrhis albidis. Sporidiis linearibus,
curvatis; sporulis 8-10, globosis, opacis. Hab. in foliis languescentibus Hydrocotyles. Æstate.*

A la face supérieure des feuilles de l'*Hydrocotyle vulgaris*,
on remarque des taches, roussâtres ou fuligineuses, qui
deviennent ensuite blanchâtres par la destruction du parenchyme. Sur ces taches naissent des périthéciums extrêmement
petits, qui ne s'aperçoivent que très-difficilement à l'état de
dessication, lorsque ces taches sont roussâtres ou fuligineuses,
mais que l'on voit assez distinctement sur celles qui sont blanchâtres et arides. Les sporidies ont depuis 1/60 jusqu'à 1/40 de
millimètre de longueur.

9. SEPTORIA VIRGAUREÆ, Nob.

*S. Epiphylla. Maculis orbiculatis vel irregularibus, exaridis,
albido brunneoque variegatis; peritheciis innatis, minutis, convexis, subnigris, ore orbiculari latè apertis; cirrhis albis;
sporidiis elongatissimis. linearibus, subrectis vel flexuosis;*

sporulis numerosis, vix distinctis. Hab. in foliis languescen-
tibus Solidaginis Virgaureæ. Autumno.

Aschochyta Virgaureæ , *Lib. Pl. crypt. ard.*

Cette espèce très-distincte, se trouve dans le nord de la France.
Elle vient aussi dans la Lozère, d'où M. Prost nous en a adressé
des échantillons. Ses sporidies ont depuis 1/20 jusqu'à 1/10 de
millimètre de longueur.

10. Septoria Ficariæ , Nob.

S. Amphigena. Maculis parvis, orbiculatis fuscis, demùm
cinereis exaridis in ambitu fuscis, irregularibus vel confluen-
tibus ; peritheciis innatis , minutissimis , nigris , subnitidis ,
convexis, demùm planiusculis. Cirrhis albis; sporidiis lineari-
bus , tenerrimis , rectis vel subcurvatis. Crescit in utrâque
foliorum paginâ, etiam in petiolis, Ranunculi Ficariæ. Vere.

Cette espèce se développe à la face supérieure et quelquefois
à la face inférieure des feuilles mourantes de la Renoncule
Ficaire. Elle se trouve aussi , mais plus rarement, sur les
pétioles. Elle forme des taches qui sont d'abord d'un brun verdâtre, et dont le centre , par le dessèchement du tissu de la
feuille , devient ensuite d'un gris cendré. Ces taches sont arrondies , et le plus souvent irrégulières, parce qu'elles remplissent
les compartimens formés par les principales nervures de la
partie de la feuille où elles se trouvent. Elles ont de 2 à 3 millimètres de diamètre , mais souvent elles deviennent confluentes
et finissent par occuper presque tout le disque de la feuille. Les
périthéciums, placés pour la plupart sur la partie grisâtre, sont
petits , un peu luisans, d'abord convexes , puis presque planes
lorsque la matière sporidifère en est sortie sous la forme d'un
petit filet blanchâtre. Les sporidies , qui ont depuis 1/40 jusqu'à
1/30 de millimètre de longueur, sont droites ou un peu arquées ,
et d'une ténuité extrême.

11. Septoria Chelidonii, Nob. Pl. crypt., édit. 1 , N.º 1176 : édit. 2, N.º 676.

S. Amphigena. Maculis cæsiis, albidis vel fuscis. Peritheciis innatis, minutis, subnigris, ore orbiculari late apertis. Cirrhis luteis; sporidiis elongatis, linearibus, rectis vel subcurvatis; sporulis 5-7, hyalinis. Hab. in-foliis Chelidonii majoris. Æstate et autumno.

Sphœria Lichenoïdes, var. Chelidonicola, *Dec. Fl. fr., supp.* — Ascoxyta Chelidonii, *Lib. Pl. crypt., ard.*

Ce *Septoria* se développe, en été et en automne, sur les deux faces des feuilles encore vertes du *Chelidonium majus.* Ses taches sont de forme irrégulière, limitées par quelques vei- nules de la feuille, plus ou moins blanchâtres, quelquefois verdâtres ou roussâtres, suivant leur développement. Les sporidies sont cylindriques, droites ou légèrement courbées, et longues de 1/30 à 1/40 de millimètre.

12. Septoria Lepidii, Nob. Pl. crypt., édit. 1, N.º 1177; édit. 2, N.º 677.

S. Amphigena. Maculis nullis. Peritheciis sparsis vel appro- ximatis, nigris, innato-prominulis, convexis, demùm ore orbi- culari latè apertis. Cirrhis albis: sporidiis elongatis, linearibus, flexuosis; sporulis 0-16, globosis. Hab. in-foliis languescentibus Lepidii heterophylli. Autumno.

Cette espèce nous a été adressée par notre ami, le docteur Guépin. Elle offre des sporidies inégales en longueur, mais qui, le plus souvent, ont environ 1/18 de millimètre. Le pore des périthéciums s'élargit après la sortie de la substance sporidifère, en sorte qu'ils ont une apparence cupuliforme qui les fait res- sembler à de petites Pézizes noires.

13. Septoria Hyperici, Rob. — Nob. Pl. crypt., édit. 1 , N.º 1178 ; édit. 2 , N.º 678.

*S. Epiphylla. Maculis suborbiculatis, oblongis vel indeter-
minatis, rufo-fuscis, in ambitu luteolis. Peritheciis minutis,
innato-prominulis, fuscis, ore orbiculari latè apertis. Cirrhis
tenerrimis, helvolo-pallidis; sporidiis linearibus, subcurvatis;
sporulis* **8 10**, *globosis, opacis. Hab. in foliis languescentibus
Hyperici perfoliati. Æstate. Nob.*

M. Roberge a trouvé cette espèce dans le parc de Lébisey,
près de Caen. En conservant le nom qu'il lui a donné, nous
avons cru devoir la caractériser par la phrase ci-dessus, pour
complément de laquelle nous ajouterons que la longueur des
sporidies est variable, mais que l'on peut l'évaluer, terme
moyen, à 1/30 de millimètre. Le nombre des sporules varie
aussi suivant la longueur de la sporidie dans laquelle elles se
trouvent.

14. SEPTORIA RIBIS , Nob. Pl. crypt., édit. **1** , N.º 1179 ; édit.
2 , N.º 679.

*S. Hypophylla. Maculis parvis , irregularibus , veinulis
cinctis, brunneo-purpurescentibus. Peritheciis innatis, minutissimis, convexis, fusco-nigrescentibus, demùm ore orbiculari latè
apertis. Cirrhis roseis, sporidiis elongatis, linearibus, curvatis;
sporulis* **12-20** , *subopacis. Hab. in foliis languescentibus Ribis
nigri. Æstate et autumno.*

Ascoxyta Ribis , *Lib. crypt. ard.*

Nous avons découvert cette espèce dans le nord de la France ,
sur les feuilles mourantes du *Ribes nigra,* où on la trouve abon-
damment au mois d'août et au mois de septembre. Ses taches
sont d'un brun pâle légèrement pourpré, assez nombreuses,
petites, irrégulières et presque anguleuses , parce qu'elles sont
limitées par les veinules de la feuille. Ces taches sont visibles
sur ses deux faces, mais les périthéciums qu'elles portent ne
se trouvent qu'à la face inférieure. Ils sont épars , peu nom-

breux, prodigieusement petits, d'un brun noirâtre, d'abord convexes, ensuite ouverts par un large pore qui les fait paraître concaves. Les cirrhes sont d'un beau rose qui devient carminé lorsqu'ils sont desséchés. Les sporidies ont environ 1/20 de millimètre de longueur; elles sont linéaires, courbées, et contiennent 12 à 20 sporules globuleuses, semi-opaques.

15. SEPTORIA FRAGARIÆ, Nob. Pl. crypt., édit. 1, N.º 1180; édit. 2, N.º 680.

S. Epiphylla. Maculis suborbiculatis, fuscis, in ambitu brunneo-rubris. Peritheciis minutissimis, innato-prominulis, fusco-fuligineis, ore orbiculari latè apertis. Cirrhis albidis; sporidiis cylindricis, obtusis, curvatis vel rectis; sporulis 4, oblongis, hyalinis. Hab. in-foliis languescentibus Fragariæ vescæ. Æstate et autumno.

Aschochita Fragariæ, *Lib. crypt. ard.*

Cette espèce, extrêmement commune, et qui, comme beaucoup d'autres du même genre, a échappé aux recherches des Cryptogamistes français, offre des sporidies assez grosses, presque toujours courbées, et paraissant pourvues de trois cloisons, par le rapprochement des quatre sporules qu'elles renferment.

16. SEPTORIA PISTACIÆ, Nob. Pl. crypt., édit. 1, N.º 1181; édit. 2, N.º 680.

S. Amphigena. Maculis parvis, numerosis, suborbiculatis, sparsis, fuligineis. Peritheciis innatis, minutissimis, nigris; cirrhis ochroleucis; sporidiis linearibus, rectis vel curvatis; sporulis 3-7, globosis, subopacis. Hab. in foliis languescentibus. Pistaciæ veræ.

Les périthéciums, ordinairement assez nombreux, sont groupés sur les taches, en y affectant quelquefois une dispo-

sition circulaire. Les cirrhes sont jaunâtres. On pourra souvent
réussir à les faire sortir des périthéciums, en plaçant l'échantillon, pendant un jour ou deux, entre des linges légèrement
humectés ; si ces linges étaient par trop mouillés, les cirrhes
s'épancheraient sur la feuille et l'on ne pourrait les apercevoir.
Les sporidiés sont plus ou moins longues, mais elles ont, le
plus souvent, 1/50 de millimètre.

OBSERVATIONS MYCÉTOLOGIQUES.

NOTE SUR LE *SPHÆRIA BUXI*,

Par J.-B.-H.-J. Desmazières.

Une certaine ressemblance extérieure, a fait réunir, par les auteurs modernes, sous le nom de *Sphæria atrovirens*, trois espèces distinctes, non seulement par des caractères qu'un œil exercé peut reconnaître sans le secours du microscope, mais encore par l'organisation du *nucleus* ou substance sporidifère. L'une de ces espèces, qui a servi de type au *Sphæria atrovirens*, croît sur le *Viscum album*, et appartient peut-être au genre *Diplodia*; (1) la seconde, qui est celle qui va nous occuper, vient à la face inférieure des feuilles du Buis; c'est la variété *b*, **Buxi**, du *Sphæria atrovirens*; la troisième, enfin le *Sphæria*

---

(1) Le doute que nous conservons encore provient des analyses que nous avons faites sur des échantillons récoltés par nous dans le Nord de la France, sur ceux placés par M. Mougeot, au N.º 486 de sa collection cryptogamique, enfin sur des échantillons qui nous ont été adressés de Berlin. Dans tous, nous avons constamment trouvé des sporidies brunes, semi-opaques, ovales ou ovales alongées, d'environ 1/25 de millimètre dans leur grand diamètre, offrant deux membranes très-distinctes, mais toujours privées de la cloison transversale, qui est un des principaux caractères des *Diplodia*. Cependant, comme dans les espèces de ce genre on rencontre quelquefois des sporidies dépourvues de la cloison, mêlées à celles qui en sont munies, nous sommes d'autant plus disposés à placer le type du *Sphæria atrovirens* dans les *Diplodia*, que M. Wallroth, dans l'ouvrage déjà cité, assure que les sporidies de son *Sphæria Visci* sont bi ou trispores, et que M. Kickx, dans ses Recherches pour servir à la Flore des Flandres, en mentionnant cette Pyrénomycète sous le nom de *Diplodia Visci*, y reconnaît des sporidies bi ou triloculaires. contenant même dans chaque loge une ou deux sporules.

Rusci, qui a été considéré comme une sous-variété de la précédente, se trouve sur le *Ruscus aculeatus*. M. Wallroth, dans le
Compendium floræ germanicæ, p. 778, a déjà reconnu, avec
nous, cette variété comme espèce; mais, chose singulière, c'est
qu'il n'a fait aucunement mention du caractère distinctif que
l'on doit tirer de ses thèques. Quant au *Sphæria Buxi* de
M. Decandolle (Fl. fr. supp., p. 146), il n'est pas le nôtre,
peut-être même n'appartient-il pas à ce genre : nous avons
trouvé sur les feuilles mortes du Buis, plusieurs cryptogames
que nous ferons connaître et qui, extérieurement, resssem-
blent tellement au *Sphæria Buxi*, que l'analyse microscopique
devient souvent nécessaire pour les en distinguer. La description de M. Decandolle est donc par trop incomplète pour déci-
der la question. L'un des échantillons du *Sphæria atrovirens*,
b, Buxi, que M. Fries a publié au N.º 23 des *Scler. suec. exsic.*
(sous ce nom nous trouvons dans notre exemplaire, le *Viscum*,
le *Ruscus*, et le *Buxus!*), pourrait bien être notre espèce, mais
il est en trop mauvais état pour en étudier les thèques; il n'en
est pas de même du N.º 400 du même ouvrage, avec une éti-
quette manuscrite qui porte : *Sphæria Buxi vel Miribelii*,
var. ? c'est bien là notre espèce qui, du reste, n'a aucun rapport avec le *Sphæria Miribelii* de M. Mougeot. Quant à la plante
donnée sous le nom de *Sphæria atrovirens, b, Buxi, junior*, par
M. Berkeley, au N.º 180 de ses *British fungi*, elle n'est point
un sphæria, (2) et fait partie des espèces dont nous avons parlé
plus haut.

D'après cet exposé, et le vague qui règne dans les descrip-

---

(1) Nous jugeons toujours des collections cryptogamiques que nous citons,
d'après les exemplaires que nous en possédons : celle de M. Berkeley présente des
échantillons bien choisis, mais il n'en est pas de même des *Scler. succ. exsic.*, où
nous avons remarqué quelquefois des espèces diverses placées sous le même
numéro.

lions, nous ne donnerons aucune synonymie à notre *Sphæria Buxi*, que l'on reconnaîtra désormais, nous osons l'espérer, à la phrase spécifique ci-après, et aux détails dont nous la ferons suivre et qui lui serviront de complément.

SPHÆRIA BUXI, nob.

Hypophylla. Peritheciis densè sparsis, minutis, subglobosis, astomis, rufo-olivaceis, in parenchymate folii nidulantibus, epidermide nigrefactâ tectis, poro pertusis. Ascis clavatis, medio subinflatis, sporidiis oblongis, obtusis; sporulis 1, 2, globosis subhyalinis. Habitat in foliis emortuis Buxi. Vere et æstate.

Cette espèce paraît à la face inférieure du support comme une multitude de points noirs très-rapprochés, qui ne sont autre chose que l'épiderme noirci sous lequel se trouvent les loges. Ces points sont d'abord planes ou même concaves. Les loges, presque globuleuses, ont 1/4 à 1/5 de millimètre de grosseur, et sont par conséquent presque moitié plus petites que dans le *Sphæria atrovirens* type. Leur couleur, étant humides, est le brun clair, roussâtre ou olivâtre. L'épiderme qui les recouvre finit par se percer d'un pore, par où la substance composant le *nucleus* doit s'échapper. Les points noirs sont alors un peu proéminents, et il existe, à leur centre, un plus petit point blanchâtre, à peine perceptible. Jamais nous n'avons vu l'épiderme se rompre en lambeaux, comme cela arrive dans le *Diplodia Visci.* Les thèques, que l'on trouve plus facilement dans le périthécium avant l'apparition du pore, seraient claviformes si elles n'étaient pas légèrement renflées vers le milieu de leur longeur. Elles ont environ 1/18 de millimètre, et nous n'avons pu y apercevoir deux membranes. Les sporidies ont 1/70 de millimètre: elles sont hyalines, oblongues, obtuses, trois à quatre fois plus longues qu'épaisses, et offrent une ou deux sporules très-petites qui ne remplissent pas leur capacité. Faisons remarquer ici, que les thèques du *Sphæria Rusci* sont très-obtuses, tubuliformes, c'est-à-dire tout d'une venue, et qu'elles présentent très-distinctement la double membrane. Leurs spodiries, d'une couleur olive assez foncée, sont longues de 1,50 de millimètre, et pourvues de quatre cloisons: tels sont les caractères que nous avons remarqués sur des échantillons de France, d'Angleterre et de Suède.

Le *Sphæria Buxi* se trouve plutôt sur les feuilles mortes que sur celles qui sèchent naturellement. On réussira souvent à l'obtenir, en coupant, au mois de mars, une branche du *Buxus sempervirens*, et en la laissant sur place pendant trois ou quatre mois.

NOUVELLE NOTICE

SUR QUELQUES PLANTES CRYPTOGAMES,

La plupart inédites, récemment découvertes en France, et qui vont paraître en nature dans la collection publiée par l'auteur,

J.-B.-H.-J. DESMAZIÈRES.

17 MARS 1843.

CONIOMYCÈTES.

1. PESTALOZZIA FUNEREA, Nob.

P. Acervula amphigena, atra, sparsa, erumpentia, epidermide tenuiter marginata. Sporidiis fusiformibus, brevi pedicellatis, utrinque hyalinis, 4 septatis ; articulo supremo appendicibus filiformibus coronato ; filis 3—5, tenuissimis, simplicibus, hyalinis, brevibus, rectis, divergentibus. Hab. in foliis emortuis Thuyarum.

En faisant connaître dans ces Mémoires (année 1840, page 35) le *Pestalozzia Guepini*, nous avons fait remarquer qu'il fallait encore ajouter à ce genre nouveau, une ou deux autres espèces inédites. C'est une de ces espèces, que nous avons eu occasion d'étudier depuis cette époque, que nous publions ici, en y ajoutant une variété remarquable.

Le type dont nous nous occuperons d'abord, croît sur les feuilles sèches ou simplement mortes de plusieurs *Thuya*. Il

2

occupe principalement celles des derniers rameaux encore attachés à l'arbre, et vient également sur les deux faces. Les tubercules naissent sous l'épiderme, le déchirent, et en demeurent entourés comme la petite collerette blanche et frangée de certains Urédos. Ces tubercules noirs, courts, cylindriques et un peu coniques, finissent par s'étendre sur le support, à la manière des *Mélanconium*, et leur substance présente au microscope de nombreuses sporidies fusiformes, pourvues de quatre cloisons, formant cinq loges, dont les trois du milieu sont d'un brun olivâtre clair, et celles des extrémités, hyalines. L'une de ces dernières est constamment munie d'un pédicelle également hyalin, court et simp'e; et l'autre, presque pointue, est couronnée par trois, quatre, rarement cinq filamens, simples, droits et très-ténus, moitié plus courts que la sporidie dont la longueur est d'environ 1/45 de millimètre.

Cette espèce diffère du *Pestalozzia Guepini* (Pl. crypt. édit. 1, N.º 1084; édit. 2, N.º 484) par son port et par ses sporidies plus grosses, un peu plus longues; par son pédicelle très-court, enfin par son appendice composé de filamens droits, divergents, moitié au plus de la longueur de la sporidie, tandis que dans le *Pestalozzia Guepini,* ils dépassent ordinairement cette longueur et retombent souvent sur elle. On en compte trois, rarement quatre, dans cette dernière espèce, et trois à cinq dans le *Pestalozzia funerea.*

La forme de la sporidie peut seule distinguer encore notre espèce du *Pestalozzia pezizoides,* que M. De Notaris a trouvé sur des sarments de vigne. Dans sa plante, qu'il a bien voulu nous communiquer, les sporidies sont un peu plus longues, à cinq cloisons. Les filets appendiciformes sont au nombre de trois à huit, plus longs, souvent bifurqués, et retombent sur la sporidie qui n'est pas toujours pédicellée. Dans ce dernier cas, le pédicelle est remplacé par deux ou trois filets, très-courts, mais analogues à ceux qui surmontent l'autre extrémité.

Var. *b*, Heterospora, Nob. *Pl. crypt. édit.* 1 *N.*º 1326; *édit.* 2, *N.*º 726.

Sporidiis aliis longè pedicellatis, 5 *septatis, articulo supremo appendicibus destituto; aliis brevi pedicellatis,* 4 *septatis, articulo supremo appendicibus coronato. — Hab. in foliis emortuis Cupressuum.*

La sporidie, dépourvue d'appendice filiforme, a de 1/35 à 1/40 de millimètre de longueur ; son pédicelle caduc égale cette longueur ou la dépasse ; les autres sporidies sont exactement semblables à celles du type.

2. Coniothecium Amentacearum , *Corda, Icon. fung.* 1 , *p.* 2, *fig.* 26 — *Nob. Pl. Crypt. édit.* 2. *Fasc XVII.*

Melanconium conglomeratum , *Link , Sp.* 2, *p.* 92. -- *Nob. Pl. Crip. édition* 1 , *N.*º 228.

Parmi les espèces assez nombreuses que renferme le genre *Coniothecium,* nous signalons ici l'une des plus communes en France, afin d'établir la synonymie ci-dessus, que M. Corda n'a point fait connaître, et que nous croyons exacte, quant à l'espèce de M. Linck, qui peut, du reste, se rapporter aussi à d'autres espèces voisines. Quant à la Coniomycète publiée au N.º 228 de nos *Cryptogames de France ,* nous ne conservons aucun doute sur son identité avec celle qui nous occupe, et que l'on trouve, en hiver comme au printemps, sur les branches sèches et même sur les rameaux de divers *Salix.*

HYPHOMYCÈTES.

3. Stilbum Aurantiacum , *Babington , in Abstr. of Linn. Soc. trans.* 1839.

S. Gregarium. Capitulo hemisphærico, cinnabarino: stipite elongato, fibroso, rigido, infernè incrassato brunneo. Spo-

*rulis magnis, oblongis, obtusis, hyalinis. Hab. ad ramos emor-
tuos Ulmi.*

Clavaria coccinea, Sow. *Engl. fung. t* 294 (fig. à gauche) —
Tubercularia vulgaris, var. *Fr. Syst. Myc. et Auct.*

Par sa couleur, cette espèce est voisine du *Stilbum cinnaba
rinum,* Mont. et du *Stilbum lateritium,* Berk. Elle a été confondue, par plusieurs auteurs, avec le *Tubercularia vulgaris,*
et l'on se rendra compte difficilement d'une réunion aussi
bizarre, lorsqu'elle s'en distingue si bien, non seulement par
le caractère de ses sporules, deux et même trois fois plus
longues et plus grosses que dans toutes les tuberculaires qui
nous sont connues, mais encore par la présence d'un long
pédicelle, composé comme dans le *Stilbum vulgare,* de fibres
qui s'épanouissent au sommet en un capitule recouvert par les
sporules. Ses individus, disposés sans ordre, mais assez rapprochés, se soudent quelquefois par leur base, au nombre de
deux ou trois. La hauteur totale du champignon est d'un millimètre et demi. Le pédicelle, d'un brun rouge, surtout inférieu-
rement, participe de la couleur du capitule vers son sommet.
Il est renflé à la base, un peu luisant, et sillonné, du moins à
l'état de dessiccation dans lequel nous l'observons; il se termine par une tête semi-globuleuse, absolument semblable,
pour la consistance et la couleur, au *Tubercularia vulgaris.*
Cette tête a un demi-millimètre, et le pédicelle un millimètre.
Les sporules sont oblongues, quelquefois ovales, un peu inégales en longueur, mais, terme moyen, elles ont 1/75 de millimètre. Elles sont hyalines et obtuses aux extrémités.

Nous avons trouvé cette espèce élégante, au mois de
septembre, sur des rameaux secs d'Orme; elle sortait de dessous leur épiderme.

PYRÉNOMICÈTES.

4. LEPTOSTROMA PINASTRI, Nob.

L. Perithecium epiphyllum rotundatum , convexum, umbonatum, nitidum, nigrum, demùm totum secedens. Sporidiis minutissimis, cylindricis; sporulis 2 , globosis, opacis. Hab. ad folia dejecta Pinea. Hieme et vere.

Ce Leptostroma a de grands rapports avec le *Leptostroma Scirpinum* ; ses sporidies, une fois plus grandes que dans cette espèce, ont environ 1/150 de millimètre de longueur ; les deux sporules que chacune d'elles renferme, occupent aussi les extrémités.

5. LEPTOSTROMA LITIGIOSUM , Nob. *Pl. Crypt. édit.* 1, *N.º* 1327 ; *édit.* 2, *N.º* 727.

L. Perithecium subrotundum, minutissimum punctiforme, sparsum vel conglomeratum , brunneo-nigrum , demùm totum secedens. Hab. in stipitibus Pteridis aquilinæ ac Osmundæ regalis. Vere.

Sclerotium Pteridis, *Pers. in Moug. et Nest. N.º* 673 !

Cette espèce, considérée par M. Fries comme un état abortif du *Leptostroma filicinum*, type, (Moug. et Nest. N.º 476. Fr. Scler. N. 65. — Nob. Pl. Crypt. édit. 1 , N.º 999 ; édition 2 , N.º 299), nous paraît également distincte du *Leptostroma Pteridis*, Ehr., que nous avons donné au N.º 784 , édit. 1 , et au N.º 371 , édit. 2, et que l'auteur du *Systema mycologicum*, et M. Wallroth (*Comp. Fl, germ.*), réunissent aussi au *Leptostroma filicinum*. Elle doit être plutôt rapprochée du *Leptostroma vulgare* , Fr. (Nob. édit. 1, N.º 786), dont elle se distingue cependant par ses périthéciums encore plus petits, d'un noir brun et presque terne. Il faut retrancher de notre

N.º 784 , édit. 1 , et N.º 371 , édit. 2 , la synonymie de *Pers. in Moug,* qui appartient exclusivement à la plante ci-dessus.

6. Septoria Graminum , Nob. *Pl. Cript. édit.* 1, *N.º* 1328 ; *édit.* 2, *N.º* 728.

S. Hypophylla. Peritheciis innato-prominulis, perexiguis, nigris, numerosis, aggregatis, poro apertis, intrà nervos in series parallelas dispositis, Sporidiis linearibus, rectis, vel flexuosis; sporulis vix distinctis. Hab. in foliis siccis Graminum. Vere.

Sphæria recutita , *Fr. Syst. Myc.* 2, *p.* 524.

Les périthéciums de cette espèce sont invisibles à l'œil nu , et plus petits , plus rapprochés que dans le *Septoria Tritici* ; ils forment, par leur réunion, des taches allongées, grises et comme nébuleuses. Une légère altération du support contribue aussi à cette couleur. Les lignes formées par ces périthéciums n'ont en largeur que l'intervalle qui se trouve entre deux nervures , mais leur longueur s'étend de deux à trois centimètres. Elles sont rarement solitaires, le plus souvent on les voit disposées longitudinalement côte-à-côte. Les sporidies, un peu plus fines que dans le *Septoria Tritici*, ont 1/20 de millimètre de longueur; nous avons remarqué que l'une des extrémités était plus grosse que l'autre.

7. Septoria Daphnes, Rob. — Nob. *Pl. Crypt. édit.* 1 , *N.º* 1329 ; *édit.* 2 , N.º 729.

S. Amphigena. Maculis viridulis, irregularibus , indeterminatis. Peritheciis perexiguis, sparsis vel gregariis, epidermide tectis ampullaceiformibus pallidis. Cirrhis albidis; sporidiis clavatis brevioribus; apice acutis; sporulis 2-4, minutissimis , globosis, subhyalinis. Occurrit in foliis languescentibus Daphnes Mezerei. Vere. Nob.

La forme seule de la sporidie distinguerait parfaitement
cette espèce de toutes celles que nous avons décrites jusqu'ici,
si, à ce caractère essentiel, on ne pouvait point en ajouter
d'autres ; mais, contrairement à la plupart des *Septoria* connus,
qui font prendre une couleur particulière aux places des feuilles
où les périthéciums se développent, celui-ci conserve la couleur
verte de la feuille, tandis que le reste de ce support jaunit
autour de lui, de manière qu'il semble y occasioner des taches
d'un vert olive, sur un fond jaunâtre plus ou moins prononcé.
C'est, le plus souvent, la base des feuilles que cette parasite
attaque ; quelquefois cependant elle se montre sur toutes ses
parties. Les périthéciums s'aperçoivent difficilement : ils
naissent sous l'épiderme, le soulèvent, et ressemblent alors à
de petites ampoules d'un blanc sâle. L'épiderme se déchire
ensuite, et la gélatine en sort sous forme de cirrhes tortillés,
qui s'étalent ensuite en petits grumeaux blanchâtres. Les sporidies, d'inégale grandeur, ont, terme moyen, 1/50 de millimètre. Elles sont en forme de massue très-courte ; nous dirions
même qu'elles sont pyriformes, si leur sommet n'était pas subi-
tement terminé en pointe ; elles présentent souvent un de leurs
côtés courbé ou droit. Les sporules ne remplissent pas leur capacité, et lorsqu'on en compte quatre, les deux qui se trouvent
placées à la partie supérieure de la sporidie sont beaucoup
plus grosses.

8. SEPTORIA VINCÆ, Nob. *Pl. Crypt. édit. 1, N.º 1330;
édit. 2, N.º 730.*

*S. Epiphylla. Maculis suborbiculatis vel semi-orbiculatis,
eburneis, ambitu lato nigro. Peritheciis minutis, prominulis, tectis. Sporidiis linearibus, tenuissimis, rectis ; sporulis 8-10,
vix distinctis. Hab. in foliis vivis Vincæ.*

Les tâches qu'ils occasionent sont au nombre de deux ou

trois, quelquefois même il n'en existe qu'une seule. Elles occupent souvent le bord de la feuille et sont alors semi-orbiculaires. Les périthéciums, ordinairement peu nombreux, s'ouvrent par un large pore arrondi ou alongé en fente. L'épiderme se fend aussi, mais les recouvre constamment; les sporidies, d'une ténuité extrême, ont environ 1/35 de millimètre.

9. Septoria Hederæ, Nob.

S. Epiphylla. Maculis suborbiculatis, eburneis, exaridis, ambitu fusco et lato purpureo. Peritheciis minutis, tectis; ostiolis nudis, globosis, poro apertis. Sporidiis linearibus, tenuissimis, rectis; sporulis 8-12, vix distinctis. Hab. in foliis vivis Hederæ.

Sphœria lichenoïdes, var. Hederæcola, *De C. Fl. fr.* — Sphæria Depazea hederæcola, *Fr. Syst. Myc.*

Il est inutile de donner une longue description de cette espèce très-commune; nous dirons seulement que ses sporidies, aussi ténues que dans l'espèce précédente, ont depuis 1/30 jusqu'à 1/25 de millimètre de longueur. En interposant les taches entre la lumière et la loupe, on les voit entourées chacune d'un cercle transparent, situé entre le cercle brun et la partie la plus extérieure qui est d'un pourpre foncé.

10. Septoria nebulosa, Nob. *Pl. Crypt. édit.* 1, *N.°* 1331 ; *édit.* 2, *N.°* 731.

S. Erumpens. Maculis griseis, effusis vel elongatis. Peritheciis minutissimis, nigris, numerosissimis, densè sparsis, vel in series longissimas parallelas aggregatis; ostiolo simplici pertusis. Cirrhis tenellis albis; sporidiis linearibus, rectis vel curvulis, sporulis 10-15, perexilis, opacis. Hab. in caulibus siccis Apii Petroselini. Autumno.

Nous avons étudié cette espèce sur des pieds de Persil, gar
dés pour graine et arrachés depuis quelque temps. Elle occasione sur le support des taches d'un gris plus ou moins foncé,
enveloppant entièrement les jeunes rameaux, ou formant sur
les plus grosses branches ou tiges de la plante, des stries parallèles qui s'étendent souvent d'un nœud à l'autre. Ses périthéciums n'ont pas plus de 1/15 de millimètre, et ses sporidies
1/25 à 1/30 de millimètre de longueur.

Ce *Septoria*, parfaitement caractérisé, a été probablement
confondu jusqu'ici avec les *Sphœria nebulosa* et *longissima* qui
croissent aussi sur les tiges des Ombellifères.

11. SEPTORIA HEPATICÆ, Nob. *Pl.. Crypt. édit.* 1, *N.*º 1332;
édit. 2, *N.*º 732.

*S. Epiphylla. Maculis brunneo nigricantibus, demùm albidis
orbiculatis vel irregularibus et confluentibus. Peritheciis innato-
prominulis, minutissimis, nigris, poro apertis. Ostiolis punctiformibus. Sporidiis linearibus, tenuissimis, rectis vel subcurvatis, sporulis 8-12, vix distinctis. Hab. in foliis languescentibus
Hepaticæ trilobæ. Autumno.*

Sphæria Depazea hepaticæcola, *Duby*, *Bot.* 2 *page* 712.

Des taches fuligineuses, plus ou moins grandes, plus ou
moins irrégulières, devenant ensuite blanchâtres, occupant
quelquefois le bord des lobes de la feuille ou les lobes entiers,
font remarquer facilement cette espèce, vers l'automne, sur
l'*Hepatica triloba*. Ses sporidies ont environ 1/40 de millimètre
de longueur.

12. SEPTORIA GEI, Rob. — Nob. *Pl. Crypt. édit.* 1, *N.*º 1333;
édit. 2, *N.*º 733.

*S. Maculis amphigenis, orbiculatis vel sinuosis irregularibus,
brunneis, dein fulvis, cinereis, exaridis, in ambitu brunneo-*

*purpureis. Perithecils epiphyllis, minutissimis, numerosis ,
fuscis, quandoque in nervos dispositis, hemisphæricis, demùm
nigris, collabescendo concavis. Sporidiis elongatis, linearibus,
curvato-flexuosis ; sporulis* 8-12 *, opacis, vix distinctis. Hab.
in foliis languescentibus Gei urbani. Æstate. Nob.*

Sphæria lichenoides, var. Geicola, *De C. Fl. fr. supp. p.* 149.
— Sphæria Depazea vagans (*Geicola*), *Fr. Syst. Myc.* 2, *p.* 532.

Le diamètre des taches est de 4 à 5 millimètres. Les sporidies
sont inégales ; les plus longues ont 1/20 de millimètre. Cette
espèce est une de celles que M. De Candolle a réunies dans
son *Sphæria lichenoides.* En reconnaissant que, sous ce nom, la
Flore française confondait plusieurs choses distinctes, M. Fries
a encore laissé l'espèce qui nous occupe dans son *Sphæria
Depazea vagans*, qui, lui-même, doit être divisé. Les auteurs
qui ont parlé de ces petites productions, ont négligé de les
étudier au microscope qui pouvait seul permettre de les caractériser avec précision.

13. SEPTORIA RUBRA, Nob.

*S. Hypophylla. Stromate suborbiculari , carnoso, planiusculo
vel convexo, rubro, demùm rufo-fusco. Peritheciis minutissimis,
numerosis , saturatioribus , immersis. Ostiolis punctiformibus.
Cirrhis albidis; sporidiis linearibus, rectis, curvatis, vel subun-
cinatis ; sporulis* 6-9, *hyalinis. Hab. ad folia Pruni domesticæ
et spinosæ. Æstate et autumno.*

Xyloma rubrum, *Pers. Syn. fung. p.* 105 — Dothidea rubra,
Fr. Syst. Myc. 2 , *p.* 553.

VAR. *b* , AMYGDALI, Nob. *Pl. Crypt. édit.* 1, *N.º* 1334 ; *édit.*
2, *N.º* 734.

*Maculis brunneo-nigricantibus, in ambitu aurantiis. Hab. in
foliis vivis Amygdali.*

Le *Septoria rubra* n'est point nouveau pour la Flore française :
il a été mentionné, par M. De Candolle, sous le nom de *Polystigma
rubrum*. Nous l'avons décrit ici dans le genre auquel il appartient, pour y rattacher sa variété *Amygdali*, qui n'a pas encore
été signalée, et dans laquelle les périthéciums sont encore
moins visibles que dans l'espèce, du moins dans les nombreux
échantillons que nous avons sous les yeux. Les sporidies y sont
aussi d'une grande ténuité et assez souvent un peu courbées
en crochets à l'une des extrémités. Nous avons également
remarqué ce caractère dans le type, qui a été figuré par
M. Greville; mais l'auteur écossais a pris des gouttelettes oléagi-
neuses pour les sporules de sa plante et les a figurées à la
table 120, 6, du *Scottish cryptogamic flora*. Quant au *Polystigma
fulvum*, Pers. et Dec., ou *Dothidea fulva, Fr.*, que l'on consi-
dère comme une espèce très-voisine de notre *Septoria rubra*,
il n'appartient pas même à ce genre, et doit être placé dans le
genre *Sphæria :* en effet, il est pourvu de thèques exactement
claviformes, longues de $\frac{1}{10}$ de millimètre environ, et contenant
sept à huit sporules hyalines, ovales-oblongues, ayant à peu
près $\frac{1}{100}$ de millimètre dans leur grand diamètre. Cette organisation démontre que c'est par erreur que M.elle Libert a dit :
(Ann. des Sc. Nat. 2, t. 7, p. 124) que le *Polystigma fulvum*,
Pers., devra être compris dans son genre *Ascochyta*. C'est également à tort, que M. Corda a rapporté comme variété à cette
espèce, la production décrite et figurée dans ses *Icones Fungo-
rum*, tome 2, p. 29, fig. 104.

14. Septoria Spartii, Rob. — Nob. *Pl. Crypt.* édit. 1,
*N.*º 1335; *édit.* 2, *N.*º 735.

*S. Epiphylla rariùs hypophylla. Maculis rotundatis vel oblon-
gis, olivaceis, dein fulvo-rufis, quandoque luteolo cinctis. Peritheciis perexiguis, numerosis, innato-prominulis, fuscis, demùm
nigris, ore orbiculari apertis. Cirrhis albido-carneis. Sporidiis*

cylindricis , obtusinsculis, rectis vel curvulis; sporulis 4-8 , *subopacis. Hab. in foliis languescentibus Spartii juncei. Æstate. Nob.*

Les taches de ce *Septoria* se trouvent principalement sur les bords et au sommet de la feuille; elles atteignent de deux à dix millimètres et plus de diamètre. Au centre des périthéciums, se distingue un point très-petit et blanc : c'est la matière intérieure qui sort bientôt en cirrhes très-fins, tortillés, d'un blanc tirant très-faiblement sur la couleur de chair, et d'un aspect luisant et comme satiné, tel qu'on les observe dans les *Septoria Ulmi* et *Heraclei.* Les sporidies ont 1/50 de millimètre de longueur ; leur grosseur est six à huit fois moins considérable. Ce *Septoria* se rapproche du *Septoria Hyperici* par la grandeur, la forme et la couleur des taches seulement, encore sont elles un peu plus rousses dans cette dernière espèce.

15. Septoria Leguminum, Nob. *Pl. Crypt. édit.* 1, *N.*° 1336; *édit.* 2, *N.*º 736.

S. Peritheciis innato-prominulis, fulvo-brunneis , minutissimis, numerosis, densè sparsis, vel concentricis, quandoque maculæformibus poro apertis. Cirrhis carneis; sporidiis oblongis, obtusis; sporidiis 2-4 *, perexiguis, globosis, hyalinis. Hab. ad legumina Phaseolorum. Autumno.*

Var. *b,* Pisorum. *Maculis orbiculatis quandoque confluentibus, pallidis , vel fuscescentibus, margine prominulo obscuriore cinctis. In leguminibus Pisorum.*

Ascoxyta Pisi, Lib. *Crypt. ard. N.*º 59!

Cette espèce se montre sous différents aspects, suivant son dégré de développement, et suivant les légumes qu'elle attaque. Ses périthéciums sont très-petits (1/5 ou 1/4 de millimètre), quelqufois épars sans aucun ordre, quelquefois affectant une

disposition circulaire et concentrique; toujours nombreux et
très-rapprochés, assez souvent confluents, d'une couleur fauve
ou d'un fauve brunâtre plus ou moins intense selon leur âge,
lorsqu'ils sont humides, d'une couleur fuligineuse quand ils sont
secs et vieux, et souvent formant alors des taches de cette
nuance. Ces taches, sur la gousse du haricot, sont plus ou
moins étendues, plus ou moins régulières, et l'épiderme du
support participe ordinairement de la même couleur. D'autres
fois, les périthéciums sont groupés sur une tache souvent orbiculaire, d'un brun pâle, entourée d'un rebord plus foncé et
proéminent, comme dans notre variété *b*, observée sur le
légume des Pois. Sous tous ces aspects, les réceptacles sont
identiques comme les sporidies qu'ils renferment. Un peu irré-
guliers à l'état sec, ils n'ont réellement la forme orbiculaire
que lorsque l'humidité les a pénétrés. Ils sont un peu proéminents, et percés d'un très-petit pore, que l'on aperçoit mieux en
interposant la plante entre la lumière et l'œil armé d'une forte
loupe. Leur grandeur et leur forme arrondie se font mieux
remarquer en les observant de cette manière, et ce que nous
disons ici pour le *Septoria Leguminum*, est également appli-
cable à presque toutes les espèces du genre que l'on étudiera
plus convenablement par ce moyen. Les sporidies sont oblongues,
très-obtuses, ordinairement droites, et leur grosseur est trois
à quatre fois moins considérable que leur longueur, qui varie
entre 1/50 et 1/60 de millimètre. Chacune d'elles renferme
deux, trois et même jusqu'à quatre très-petites sporules
hyalines.

16. SEPTORIA ASTRAGALI, Rob. — Nob. *Pl. Crypt. édit.* 1,
N.º 1337; *édit.* 2, N.º 737.

*S. Epiphylla. Maculis irregularibus, griseo-viridibus, dein
fuscis. Peritheciis paucis, globosis, prominulis, nigris, poro
dilato apertis. Sporidiis longissimis, flexuosis, multiseptatis*

subcæsiis. Hab. in foliis languescentibus emortuisque Astragali lilycyphylli. Æstate et autumno. Nob.

Cette espèce se trouve aussi sur les pétioles et sur les tiges; ses taches, qui ont un à trois millimètres de diamètre sur les folioles, sont alors étroites et d'une longueur considérable. Leur couleur est rougeâtre, avec le centre pâle, quelquefois blanchâtre. Les sporidies ont environ 1/10 de millimètre.

17. SEPTORIA POPULI, Nob.

S. Epiphylla. Maculis parvis, orbiculatis, sparsis vel confluentibus, albis, exaridis in ambitu griseis fusco cinctis. Peritheciis paucis, humidis convexis pallidis, siccis plano-concavis subnigris, ore orbiculari latè apertis. Sporidiis elongatis, obtusis, curvatis, uniseptatis. Hab. ad folia viva Populi nigræ. Autumno.

Sphœria depazea frondicola, *b, Maculis minoribus, albis? Fr. Syst. Myc.* (Non Nob. Pl. Crypt. édit 1, N.º 184) — Sphæria lichenoides, var. Populicola? *De C. Fl. fr. supp. p.* 148.

Les taches de ce *Septoria* n'ont pas plus d'un à deux millimètres de diamètre; elles sont blanches et arides au centre, cendrées vers la circonférence qui est entourée d'une ligne brune. Ces taches, visibles de l'un et l'autre côté de la feuille, portent à la face supérieure et sur leur partie blanche seulement, un à douze périthéciums membraneux, convexes et d'un brun clair olivâtre lorsqu'ils sont humides, planes ou concaves et presque noirs à l'état de dessiccation. Les sporidies, d'une couleur vert d'eau pâle, ont depuis 1/30 jusqu'à 1/25 de millimètre de longueur, sur une épaisseur d'environ 1/200 de millimètre. Elles sont assez fortement arquées et munies d'une cloison qui occupe le milieu de leur longueur.

La description incomplète du *Spœria depazea frondicola, b, Fr.,* et celle du *Sphæria Lichenoïdes, var. populicola*, De C., ne nous permettent pas de savoir ci ces Pyrénomycètes se rapportent à la nôtre; on sait, du reste, qu'elles sont indiquées comme hypophylles. Quant au type du *Spæria depazea frondicola* (Moug. Stirp. N.º 369!) mademoiselle Libert l'a placé, avec raison, dans le genre *Leptothyrium.*

NEOTTIOSPORA , Nob.

Char. gen. Perithecium immersum, latitans, sphæricum, membranaceum , ore orbiculari apertum. Nucleus gelatinosus , subcirrhose expulsus. Ascis nullis. Sporidiis fusiformibus , filis 3, 4, tenuissimis terminalibus ornatis. Sporulis globosis.

18. Neottiospora Caricum, Nob. *Pl. Crypt. édit.* 1, *N.º* 1338; *edit.* 2, *N.º* 768.

N, Amphigena. *Peritheciis sparsis, minutis , ferrugineis, demùm umbrinis, in parenchymate folii nidulantibus, epidermide nigrifactâ tectis; ore integro, nigro. Cirrhis crassis, aurantiacis; sporidiis minutissimis, subhyalinis, sporulis, 3,4, vix distinctis. Hab. in foliis siccis Caricum variarum.*

Sphæria Caricina , *Nob. Pl. Cryp. édit.* 1 , *N.º* 717.

Cette Pyrénomycète présente une organisation si tranchée et si remarquable, que nous n'avons pas hésité à la regarder comme devant servir de type à un nouveau genre parfaitement distinct de tous ceux que renferme l'ordre des Sphériacées, dans lequel nous le plaçons, à côté du *Septoria.* En effet, des périthéciums épars, d'une couleur ferrugineuse, exactement sphériques et mous lorsqu'ils sont humides, naissent dans la substance même du support, y restent cachés sous l'épiderme, et ne sont visibles au dehors que par l'ouverture assez large dont chacun d'eux est pourvu. Cette ouverture, parfaitement circulaire et noirâtre, laissant entrevoir un nucléus orangé , donne à cette singulière

plante l'apparence d'un *Stictis*, genre auquel on serait tenté de
la rapporter, d'après un premier examen superficiel; mais en
promenant attentivement la loupe sur l'une ou l'autre face, plus
particulièrement sur la face supérieure de la feuille sèche des
Carex, sur laquelle les périthéciums se développent, on ne tarde
pas à remarquer qu'une matière orangée, analogue à celle de
quelques *Libertella* et *Nemaspora*, entoure plusieurs d'entre
eux, après être sortie par leur orifice, sous la forme de cirrhe
cylindrique. Dégageant alors du tissu de la feuille quelques uns
de ces périthéciums, qui ont environ un tiers de millimètre de
diamètre, on en trouve qui contiennent encore leur nucléus
globuleux, et d'autres qui sont noirâtres et plus petits, parce
qu'ils sont plus vieux, vides et contractés. Si l'on n'a pas
saisi la sortie de la matière sporidifère, il est possible encore de
se rendre témoin de son émission, en pressant très-légèrement
sur un périthécium humide, ou ramolli par son immersion pendant quelques minutes dans une goutte d'eau. Le gros cirrhe
qui se forme alors ne tarde pas à fuser dans le liquide, et à présenter au microscope une multitude de sporidies fusiformes,
presque hyalines, qui ont environ 1/80 de millimètre de longueur, et qui renferment trois ou quatre sporules globuleuses,
souvent peu distinctes. Le caractère essentiel de ces sporidies
est de présenter, à l'une des extrémités, trois ou quatre filaments d'une ténuité extrême, simples ou bifurqués, divergents,
quelquefois même un peu recourbés, et moitié environ moins
longs qu'elles. Cet appendice rappelle exactement celui qui
forme une sorte d'aigrette aux extrémités de la sporidie dans
le genre *Dilophospora*. Le périthécium, ainsi vidé de son
nucléus, ne présente plus qu'une poche membraneuse, semi-
transparente, et d'une couleur pâle et olivâtre.

Cette cryptogame curieuse a été observée jusqu'ici par M.
Roberge, et par nous aux environs de Lille, sur les *Carex pendula* et *riparia*: elle a été remarquée également sur un jonc.

19. Asteroma Aceris, Rob.—Nob. *Pl. Crypt. édit.* 1, *N.*º1343. *édit.* 2, *N.*º 743.

A. Amphigena, maculæformis. Fibrillis tenuissimis, rufo-brunneis, ramosis, flexuosis, quoquoversùs irregulariter radiantibus. Peritheciis sparsis, nigris, globosis, semi-emergentibus. Hab. in foliis siccis Aceris campestris. Vere. Nob.

Cette espèce se remarque, au printemps, sur les vieilles feuilles sèches de l'*Acer campestre*; souvent elle est mêlée au *Sphæria Maculæformis* qui habite la face inférieure, tandis que l'*Asteroma* occupe principalement la face supérieure. Il y forme des taches brunâtres à l'état humide, et d'un gris cendré à l'état sec, distinctes d'abord et n'ayant pas plus de deux millimètres de diamètre, puis confluentes, irrégulières, et envahissant des espaces considérables et même presque toute la surface de la feuille qui sert de support. Ces taches, plus visibles à la face supérieure qu'à l'inférieure, sont formées par des fibrilles brunâtres ou d'un roux plus ou moins foncé, d'une ténuité extrême, rameuses, très-flexueuses, entre-croisées, et irrégulièrement rayonnantes du centre de la tache à sa circonférence Ces fibrilles supportent des réceptacles épars, globuleux, semi-érompants, d'un noir un peu luisant, très-apparents à la face supérieure, moins visibles à la face inférieure.

20. Asteroma Corni, Nob. *Pl. Crypt. édit.* 1, *N.*º 1341; *édit.* 2, *N.*º 741.

A. Epiphylla. Maculis fuscis, suborbiculatis vel irregularibus et confluentibus. Fibrillis innatis, fuscis, ramosis è centro radiantibus; ramis brevioribus, divaricatis; peritheciis seriatis, vix conspicuis. Hab. in foliis languescentibus Corni sanguineæ. Autumno.

Les taches qu'il occasione à la face supérieure sont d'un

brun pâle verdâtre, et à peine visibles à la face inférieure ; leur grandeur varie, mais ne dépasse guère cinq millimètres, lorsqu'elles ne sont pas confluentes. Les fibrilles qui les recouvrent sont d'une couleur un peu plus foncée, et s'appliquent très-étroitement le long des petites veinules qui entrent dans la texture de la feuille. Les périthéciums, d'une petitesse extrême, se trouvent sur toute l'étendue des fibrilles, et sont souvent peu distincts.

Cette espèce, parfaitement caractérisée, est une de celles dont les fibrilles sont les plus pâles et les plus intimement soudées au support.

21. ASTEROMA CASTANEÆ, Nob. *Pl. Crypt. édit.* 1, *N.º* 1344 ; *éd.t.* 2, *N.º* 744.

A. Epi-Rarius hypophylla. Maculis brunneis, minutis, orbiculatis, sparsis, distinctis vel confluentibus. Fibrillis innatis, tenuissimis, evanidis, vix conspicuis, ramosis è centro radiantibus. Peritheciis numerosis, perexiguis, nigris, subnitidis, sparsis, quandoque circinantibus. Hab. in foliis vetustis Castaneæ. Vere.

C'est surtout sur les nervures principales et secondaires, ou dans le voisinage, que l'on voit les petites taches, d'un brun pâle d'abord, puis plus ou moins foncé ; leur circonférence est un peu sinueuse, et leur diamètre varie entre deux à cinq millimètres, et même davantage. Quelquefois elles forment, le long de la nervure médiane, une longue tache continue. Elles sont ordinairement moins foncées au centre que vers le bord, parce qu'elles sont dues, non seulement à un léger brunissement de support, mais encore à de nombreux réceptacles noirs, excessivement petits, qui se trouvent le plus souvent à leur circonférence et pour ainsi dire disposés en cercle. Les fibrilles rayonnantes disparaissent de bonne heure ou manquent sou-

vent , et , dans cette circonstance , on pourrait conserver un
doute sur le genre auquel appartient cette production , si l'on
n'avait pu constater positivement leur présence sur d'autres
taches.

22. ASTEROMA BETULÆ. Rob. — Nob. *Pl. Crypt. édit.* 1 ,
N.º 1346 *; édit.* 2, *N.*ᵉ 746.

*A. Amphigena , maculæformis. Fibrillis innatis , brunneis ,
ramosis è centro radiantibus: ramis numerosis , apice divergentibus. Peritheciis erumpentibus , sparsis , minutissimis , nigris.
Hab. in foliis deciduis Betulæ. Hieme. Nob.*

Voisin de notre *Asteroma Loniceræ* (Ann. sér. 2 , t. 14 ,
p. 10 — Pl. Cryp. édit. 1 , N.º 1097 , édit 2. N.º 497), il en
diffère principalement par la disposition presque fasciculée de
ses ramilles divergentes au sommet, et par la couleur brune de
la tache qu'il forme (quelquefois grisâtre par suite du soulè-
vement de l'épiderme opéré par les fibrilles) et non d'un noir
mat , comme dans l'espèce à laquelle nous le comparons. Il se
montre sur les deux faces des vieilles feuilles de Bouleau , mais
il est plus distinct à la face supérieure. Ses taches , petites
d'abord, arrondies et séparées les unes des autres , s'élargissent
et deviennent confluentes. Cet Asteroma est quelquefois mélé
au *Sclerotium maculare ,* espèce française que nous mention-
nerons plus avant.

23. ASTEROMA SALICIS , *Rob. — Nob. Pl. Crypt. édit.* 1 ,
N.º 1345; *édit.* 2 , *N.º* 745.

*A. Epiphylla. Maculis cinereis vel plumbeis. Fibrillis inna-
tis, nigris, ramosis è centro radiantibus. Ramis brevioribus ,
divaricatis , subfastigiatis , apice compressiusculis dilatatis.
Peritheciis ignotis. Hab. ad folia decidua Salicis Capreæ. Nob.*

C'est à la face supérieure des vieilles feuilles du Saule Mar-
ceau tombées à terre que cet *Asteroma* se développe. Il y occa-
sionne des taches d'un gris cendré, quelquefois d'un gris de
plomb, petites d'abord, puis de trois à cinq millimètres de
diamètre, souvent confluentes, et finissant par occuper presque
entièrement toute l'étendue du support. Sur chacune d'elles,
mais sous l'épiderme de la feuille, se trouve une rosette de
fibrilles rayonnantes, d'un beau noir, assez grosses comparées à
celles de plusieurs autres espèces, flexueuses, à ramilles diva-
riquées, courtes, comprimées, élargies au sommet, et attei-
gnant toutes à peu près la même longueur. Ces fibrilles, sur
lesquelles nous n'avons découvert aucun périthécium, sont ordi
nairement plus distinctes à la circonférence de la rosette qu'à
son centre qui en est souvent dépourvu ; ajoutons qu'elles sont
tellement appliquées à la surface inférieure de l'épiderme,
qu'on les croirait superficielles.

24. Sphæria gastrina, *Fr. Syst. Myc.* 2, p. 379. — *Nob.*
Pl. Crypt. édit. 1, N.° 1254 ; *édit.* 2, N.° 754.

Nous avons observé cette espèce sur des rames, des piquets
et des branches d'Orme. Elle y forme des pustules nombreuses,
éparses, mais quelquefois rapprochées et même confluentes.
Ces pustules, d'un noir mat, sont appliquées sur le bois dont
elles se détachent assez facilement, laissant aux endroits
qu'elles occupaient, des taches blanchâtres entourées de lignes
noires. Petites d'abord et cachées sous l'écorce, ces pustules la
déchirent, s'en dégagent, et deviennent des verrues plus ou
moins grosses, globuleuses ou ovoides, quelquefois alongées,
convexes, et, en général, très-variables dans leur forme. Elles
atteignent une hauteur et un diamètre de deux à quatre millimètres et plus. L'intérieur est blanchâtre, de la couleur du
bois, et paraît formé de sa substance. Chaque pustule est
entourée d'une ligne circulaire noire qui traverse la couche

corticale jusqu'au bois. Elle renferme des loges nombreuses, entassées sans ordre, globuleuses ou irrégulières, d'un noir très-luisant à l'intérieur lorsqu'elles sont vides. Ces loges sont surmontées de cols longs, convergents, soudés en un gros faisceau, quelquefois libres au sommet. Ils sont terminés par une petite papille caduque, puis ombiliqués, et enfin percés d'un pore. Souvent ces cols ne s'élèvent pas au-dessus de la pustule et l'ostiole est cupuliforme. Les thèques renferment des sporidies unisériées, brunes, obtuses, deux à trois fois plus longues que larges, et d'environ 1/80 de millimètre de longueur. Ces sporidies se dégagent bientôt de leur enveloppe, et se répandent au dehors, sur les pustules, en poussière noire ou en petites masses tuberculeuses.

Cette belle Sphérie est assez rare en France. Elle existe dans quelques herbiers sous le nom faux de *Sphæria angulata*, et c'est sous ce nom qu'elle nous a été adressée par deux de nos correspondans, qui l'ont confondue avec cette espèce, en société de laquelle elle vit quelquefois.

25. Sphæria lineolata, Rob. — *Nob. Pl. Crypt. édit.* 1, *N.*º 1263, *édit.* 2, *N.*º 763.

S. Amphigena, erumpens, stromate brunneo. Peritheciis minutissimis, astomis, nigris, albo-farctis, subconnatis in seriem simplicem dispositis. Ascis clavatis; sporidiis oblongis; sporulis 3-5, globosis. Hab. in foliis emortuis Caricum. Vere. Nob.

Nous devons la connaissance de cette petite Sphérie à M. Roberge qui, en nous l'adressant en quantité suffisante pour nos fascicules des Plantes cryptogames de France, lui a donné un nom que nous conservons, parce que nous reconnaissons qu'elle se distingue, en effet, de toutes les espèces de la section des *Seriatæ*, dans laquelle il faut la placer, à côté du *Sphæria arundinacea*, dont elle diffère par plusieurs caractères, et notam-

ment par celui des thèques et des sporidies. Bien qu'elle naisse
sur l'une et l'autre face des feuilles mortes des *Carex (pendula.*
riparia, etc.) elle ne se trouve que rarement sur les deux faces
à la fois. Elle attaque principalement la moitié supérieure
déjà desséchée des feuilles les plus anciennes. Ses loges forment, entre les nervures, de petites séries longitudinales et
étroites, car elles ne sont disposées que sur un seul rang.
Ces séries ou petites lignes, longues de deux à trois millimètres au plus, sont assez souvent rapprochées parallèlement, et
forment ainsi une sorte de moucheture sur le support. Ses
loges, extrêmement petites et de forme peu constante, sont
enchassées sous l'épiderme dans un stroma brunâtre. Elles le
fendent longitudinalement et ne deviennent que peu saillantes.
Elles sont remplies, comme les *Sphæria rimosa* et *Godini*,
d'une substance blanche qui contient des thèques claviformes,
longues de 1/20 de millimètre, un peu renflées vers le milieu,
et renfermant des sporidies oblongues qui ont environ 1/80 de
millimètre dans leur longueur. Les sporules sont au nombre de
trois à cinq dans chacune d'elles.

26. Sphæria lignaria, *Grev.*

S. Sphærulis minutis, solitariis vel subconjestis, nigris,
ovatis, setoso-rugosis, astomis; sporulis ovalibus in tubis cylin-
dricis. Scott. Crypt. fl. tab. 82.

Cette espèce, bien distincte du *Sphæria hispida*, auquel
M. Fries et quelques autres auteurs ont cru pouvoir la rapporter, nous a été adressée, sans nom, par M. Léon Dufour,
qui l'avait trouvée, à Saint-Sever, en 1841, sur un morceau de
bois de chêne. Ses périthéciums, qui ont environ un quart de
millimètre, sont ovoïdes et hérissés, sur toute leur surface,
d'un grand nombre de poils noirs, très-rapprochés et si petits,
qu'il faut employer une forte lentille pour les apercevoir. Les
thèques sont presque cylindriques, et contiennent des sporules
ovales et brunes, disposées sur une seule rangée.

27. Sᴘʜᴀ̈ʀɪᴀ ᴄᴀʟᴠᴇꜱᴄᴇɴꜱ, *Fr. Scler. Suec. exs.* N.º 401 !

S. Maculis piceis indeterminatis. Perilheciis minimis, nigris, sparsis vel aggregatis, subconnatis, primò hemisphœricis, demùm collabescendo concavis, infernè setis brevibus hispidis, supernè calvis nitidis. Ascis majusculis, clavatis; sporidiis latè olivaceis ellipsoideis, triseptatis, constrictis, uniserialibus Hab. ad caules herbarum majorum. Hieme et Vere. Nob.

Cette espèce, qui n'a pas encore été décrite, forme, sur les tiges sèches des grandes plantes herbacées, des taches noirâtres, assez semblables à celle du *Sphœria picea*. Ses périthéciums noirs, épars ou rapprochés, ont environ un tiers de millimètre. Ils naissent sous l'épiderme, et se montrent au dehors sous la forme hémisphérique ; mais bientôt ils s'affaissent et deviennent concaves. Leur partie supérieure est glabre et un peu luisante, mais des poils très-courts, et seulement visibles à la loupe, hérissent leur base, comme dans le *Sphœria calva*, espèce à côté de laquelle celle-ci doit être placée. L'ostiole est papilliforme, et les thèques, assez grandes et formées de deux membranes, sont en massue, et renferment, sur une seule rangée, des sporidies oblongues, obtuses, d'une belle couleur olive claire, pourvues de trois cloisons transversales, et un peu resserrées à la place de ces cloisons. Nous avons remarqué, assez souvent, que la plus grande des quatre loges auxquelles elles donnent naissance, est divisée, dans son milieu, par une cloison verticale. N'ayant encore rencontré qu'une seule fois le *Sphœria calvescens*, nous pensons que cette espèce est assez rare en France. Elle existe aussi en Belgique, d'où nous l'avons reçue, sans nom, de l'un de nos correspondans.

28. Sᴘʜᴀ̈ʀɪᴀ ᴇxᴏꜱᴘᴏʀɪᴏɪᴅᴇꜱ, *Nob. Pl. Crypt. édit.* 1, N.º 1,269 ; *édit.* 2, N.º 769.

*S. Hypo rarius epiphylla. Perithecis minutissimis , super-
ficialibus , sparsis vel gregariis ; humectis subglobosis , siccis
pezizoideo-collapsis , atris ; pilis concoloribus rigido-divergen-
tibus obsitis ; ostiolis papillatis exilissimis. Ascis subfusifor-
mibus ; sporidiis oblongis , rectis vel subcurvatis ; sporulis 4 ,
opacis. Hab. in foliis exsiccatis Caricis pendulæ. Hieme.*

C'est sur les feuilles desséchées et vieilles du *Carex pendula*
que se développe cette espèce. Ses périthéciums , qui n'ont pas
plus d'un dixième de millimètre, sont d'un noir mat , quelquefois épars , quelquefois rapprochés en groupes peu serrés. Les
poils qui les recouvrent sont ordinairement au nombre de huit
à quinze , et d'une longueur égale au diamètre de ces réceptacles. Les thèques ont 1 25 de millimètre de longueur , et les
sporidies 1/150.

Cette petite Pyrénomycète ressemble beaucoup à un *Exos-
porium* ou *Vermicularia* , mais les espèces de ce genre sont
érompantes et athèques. Sa place nous paraît être à côté du
Sphæria exilis , décrit et figuré par MM. Albertini et Schweiniz.

29. SPHÆRIA INCONSPICUA , *Nob. Pl. Crypt. édit.* 1 , N.° 1,270;
édit. 2 , N.° 770.

*S. Perithecis superficialibus , microscopicis , confertissimis ,
subglobosis , atris , lævibus , nitidis , astomis , maculæ indeter-
minatæ fuligineæ insidentibus. Sporidiis minutissimis ; sporulis 2 , opacis. Hab. ad corticem truncorum Aceris platanoidis.*

Cette espèce , qui doit se placer à côté du *Sphæria myrio-
carpa* , a des périthéciums invisibles à l'œil nu , et si petits ,
qu'il en faut quinze à vingt , l'un à côté de l'autre , pour remplir
un millimètre. On peut néanmoins soupçonner leur existence .
sans le secours de verres amplifians , par la tâche brune sur
laquelle ils sont ordinairement placés , et que nous croyons
bien appartenir à la plante dont il est ici question , quoiqu'elle

vive presque toujours en compagnie de quelques Verrucaires et même d'une ou deux Opégraphes. Nous n'avons pu découvrir de thèques; il est possible cependant qu'elles existent. Les sporidies ont environ 1 300 de millimètre de longueur, et renferment, aux extrémités, deux sporules très-opaques; l'une de ces sporules est souvent plus apparente que l'autre.

30. SPHÆRIA PERFORANS , *Rob.* — *Nob. Pl. Crypt. édit.* 1 N.º 1,288 ; *édit.* 2 , N.º 788.

Sp. Epiphylla , sparsa. Peritheciis immersis , minutis , nigris, ellipsoideis; ostiolis perforantibus, superficialibus, convexis, dein collabescendo subconcavis , poro dilatato apertis. Sporidiis ellipticis , hyalinis , bilocularibus. Occurrit in foliis siccis Cala magrostidis arenariæ. Vere. N.

Sans être amphigène, il se fait voir sur les deux faces des feuilles du *Calamagrostis arenaria*, roulées par la dessiccation. La face intérieure laisse apercevoir les périthéciums, comme de petites stries noires, longues d'un quart de millimètre, sur une largeur moitié moindre, dirigées dans le sens longitudinal du support et enchassées dans ses fibres. La face extérieure présente l'épiderme piqueté d'un grand nombre de points noirs, épars, et qui rendent la feuille rude au toucher, lorsqu'on la fait passer entre les doigts : ce sont les ostioles qui ont percé l'épiderme d'un trou exactement rond. Ils sont très-courts, orbiculaires, convexes, s'affaissant par la dessiccation, et finissant par montrer un pore assez grand. La substance interne des périthéciums est blanche, et contient des sporidies ovales , hyalines, biloculaires, de 1/40 à 1/50 de millimètre dans leur grand diamètre.

31. SPHÆRIA ISARIPHORA , *Nob. Pl. crypt. édit.* 1 , N.º 1291 ; *édit.* 2, N.º 791.

S. Hypo-rariis epiphylla , sparsa vel subapproximata. Peri-
theciis tectis, minimis, globoso–depressis, atris, poro apertis.
Ascis minutis, clavatis; sporidiis ovato–oblongis , uniseptatis.
Hab. in foliis siccis Stellariarum. Vere.

Nous avons vu cette espèce sur les feuilles sèches ou mourantes des *Stellaria holostea* et *media ;* elle se trouve aussi, mais
très-rarement, sur leurs tiges. Ses périthéciums n'ont pas plus
d'un huitième de millimètre , et paraissent d'un beau noir lor -
qu'on a soulevé l'épiderme qui les recouvre presque toujours.
Les thèques ont environ 1/25 de millimètre , et montrent distinctement la double membrane. Les sporidies sont d'un vert
d'eau très-pâle , et ne dépassent pas 1/100 de millimètre dans
leur longueur.

A l'état adulte, les périthéciums de cette Sphérie donnent
très-souvent naissance à un *Isaria*, implanté sur le pore même
dont ils sont percés. Comme ce fait extraordinaire est jusqu'ici
unique dans la science , nous avons cru devoir le rappeler par le
nom spécifique que nous avons choisi. Voyez ci-après notre
N.º 51.

32. SPHÆRIA LEGUMINIS CYTISI , *Nob. Pl. crypt. édit.* 1 ,
N.º 1292; *édit.* 2 , N.º 792.

S. Peritheciis minutis , densé sparsis , epidermide tectis ,
nigro-fuscis , globoso depressis , dein planis , intùs albidis ;
ostiolis superficialibus, punctiformibus. Sporidiis hyalinis , ellip-
ticis , uniseptatis. Hab. ad legumina Cytisi Laburni. Hieme.

SPHÆRIA LEGUMINUM ? *Wall. Comp. Fl. Germ.* 2 , p. 771.

Les loges de ce Sphæria , assez commun sur les gousses et les
pédoncules du *Cytisus Laburnum ,* sont très-petites , nombreuses et fort rapprochées. Elles naissent sous l'épiderme
qu'elles soulèvent et dont elles restent toujours recouvertes.

Elles sont d'abord convexes, et ont pour ostiole une petite papille, autour de laquelle elles s'affaissent bientôt, de manière à paraître extérieurement planes et orbiculaires. Leur nucléus est blanc ou grisâtre et se résout en une multitude de sporidies elliptiques, pourvues d'une cloison transversale qui les partage en deux loges. Ces sporidies ont environ 1/80 de millimètre de longueur, sur une largeur trois fois moins considérable.

33. Sphæria myriadea, *Dec. Fl. fr. supp. p.* 145.

Var. *b*, Carpini, Nob. *Amphigena*, *minor*, *Pl. crypt.* édit. 1, N.º 1294 *A* ; édit. 2 . N.º 794 *A*.

Var. *c*, Fagi, *Nob. Epiphylla*, *minor*, Ejusd. B.

La variété *b*, croit, en hiver, sur les feuilles sèches du Charme, tombées à terre ou encore attachées aux branches. Elle y forme des taches d'un gris cendré, un peu brunâtres à l'état humide. Ces taches, qui ne sont pas occasionées par une décoloration du support, mais par la multitude des loges, lesquelles, en soulevant l'épiderme, l'écartent du parenchyme dont il empruntait la couleur, et le font paraître tel qu'il est réellement, une pellicule blanchâtre, rendue grisâtre par le rapprochement des loges; ces taches, disons-nous, sont petites d'abord, puis larges de plusieurs millimètres, souvent confluentes, sinueuses sur les bords, parce qu'elles suivent la forme des nervures, dans la circonscription desquelles les loges se renferment. Ces loges sont imperceptibles à l'œil nu, et ne paraissent à la loupe que comme des points d'un noir un peu luisant. C'est surtout en exposant la feuille à la lumière, que l'on remarque bien la forme capricieuses des taches, qui sont visibles sur l'une et l'autre faces. La variété *c*, *Fagi*, est épiphylle ; on la trouve en automne. Ses périthéciums sont aussi plus petits que dans le type, qui croît sur la feuille du Chêne.

34. SPHÆRIA PTERIDIS, *Nob. Pl. crypt, édit.* 1, N.º 1295; *édit.* 2, N.º 795.

S. Epiphylla· Maculis parvis, griseis vel nullis. Peritheciis minutis, globosis, sparsis vel subgregariis, epidermide tectis. Ascis clavatis è duplici membranâ compositis. Hab. ad folia sicca Pteridis. Vere.

SPHÆRIA PUNCTIFORMIS, *b, Pteridis, Fr. Scler. Suec. exs.* N.º 86! — *Ejusd. Syst. Myc.*

Nous retirons cette Pyrénomycète du *Sphæria punctiformis*, avec lequel on ne lui trouvera aucun rapport, soit qu'on la compare au N.º 662 des *Stirp. crypt. Vog.,* ou à notre N.º 984, ou enfin au N.º 58 des *Scler. Suec. exsic.* Depuis la remarque que nous avons faite à notre N.º 984, sur la différence qui existe entre ces trois plantes, nous avons reçu une seconde édition de la collection de M. Fries, et nous y avons vu, cette fois, au N.º 58, une Sphérie identique à celle que nous avons publiée. On peut donc considérer notre N.º 984, ainsi que nous l'avons dit, comme une variété du *Sphæria punctiformis,* dont le type serait au N.º 662 de la collection de M. Mougeot. Quoiqu'il en soit, notre *Sphæria Pteridis* a ses périthéciums recouverts par l'épiderme, et disposés assez souvent en petits groupes qui suivent la direction des veinules de la feuille du *Pteris aquilina.* Souvent encore, ils occasionnent sur les pinnules de petites taches alongées, grises et légères, qui n'existent jamais dans le *Sphæria punctiformis,* dont les périthéciums, épars et noirs, sont presque découverts à la face inférieure de la feuille du Chêne. Le nucléus des deux espèces est blanc. Les thèques sont clariformes et composées de deux membranes, mais celles du *Sphæria Pteridis* sont une fois plus grandes. Nous ne savons pas si ces espèces diffèrent par les sporidies que nous n'avons pu voir qu'imparfaitement et encore enfermées dans les thèques.

35. SPHÆRIA LIGUSTRI. *Rob.* — *Nob. Pl. Crypt. édit.* 1. *N.º* 1196 ; *édit.* 2, *N.º* 796.

S. Epi-rariùs hypophylla; peritheciis minutissimis, numerosis, densè sparsis, atris, subglobosis, poro pertusis, dein collabescendo umbilicatis. Ascis clavatis ; sporidiis oblongis ; sporulis 3 , 4 , *opacis. Hab. in-foliis exsiccatis Ligustri vulgaris. Hieme. Nob.*

La feuille desséchée du *Ligustrum vulgare*, soit tombée, soit encore attachée à l'arbuste, donne naissance, en hiver, à cette sphérie, dont les périthéciums, d'un noir mat, sont globuleux ou affaissés, suivant l'humidité ou la sécheresse à laquelle ils sont soumis. Les thèques sont assez petites (1/25 de millimètre), mais grosses, et l'on y voit parfaitement les deux membranes dont elles sont formées. Les sporidies, droites ou un peu courbées, ont environ 1/100 de millimètre de longueur.

36. SPHÆRIA EVONYMI, *Kunze, in Fr. Syst. Myc.* 2 *p.* 439, *Nob. Pl. Crypt. édit.* 1 , *N.º* 1297 ; *édit.* 2 , *N.º* 797.

Cette espèce rare, se trouve, en automne, sur l'une ou l'autre face des feuilles languissantes de l'*Evonymus europœus.* Ses sporidies, excessivement petites , renferment deux sporules opaques.

37. SPHÆRIA RUMICIS, *Nob. Pl. Crypt. édit.* 1 , *N.º* 1298, *édit.* 2, *N.º* 798.

S. Maculis amphigenis, minutis, numerosis, orbiculatis, sparsis, brunneis, viridulo-cinctis. Peritheciis epiphyllis con-glomeratis, innato-prominulis, perexiguis, globoso-depressis, collabescendo-concavis, olivaceis, dein subnigris, poro simplici pertusis. Ascis amplis, tubulosis, parùm curvatis, è duplici mem-branà compositis. Sporidiis olivaceis, ovato oblongis, obtusis, uniseptatis. Occurrit in foliis languescentibus Rumicis nemola- *··· Vere et œstate*

On observe d'abord sur les feuilles languissantes de la partie inférieure des tiges du *Rumex nemolapathum*, de grandes taches d'un jaune pâle, sur lesquelles existent de nombreuses petites taches éparses, arrondies, d'un brun clair au centre et vertes à la circonférence. Ces taches, moins prononcées à la face inférieure du support, ont un à deux millimètres de diamètre, et portent à leur centre, à sa face supérieure, un petit groupe de périthéciums, dont le nombre ne dépasse guère dix à douze. Ces réceptacles sont olivâtres dans leur jeunesse, puis ils deviennent plus ou moins foncés. Ils s'ouvrent par un pore, s'affaissent par la dessiccation, et deviennent concaves et noirâtres. Les thèques de cette espèce ont environ 1/20 de millimètre; elles sont grosses, presque toujours courbées, tout d'une venue, excepté vers leur base qui est quelquefois renflée, puis amincie brusquement vers son point d'attache, comme en un très-court pédicelle. La double membrane est très-distincte. Les sporidies ont 1/80 de millimètre de longueur; elles sont ovales-oblongues, obtuses, d'une couleur olive très-pâle, et divisées par une cloison tranversale.

Cette espèce existe aussi sur les pétioles de la feuille, mais les taches y sont allongées.

38. Cytispora Pini, *Nob.*

C. Immersa, conceptaculo nullo. Cellulis nigris, oblongis, numerosis, irregulariter circinantibus. Disco erumpente, plano, fuligineo. Ostiolis prominentibus, atris, nitidis. Cirrhis sulphureis, dein citrinis. Sporidiis minutissimis, ovoideis; sporulis 2, opacis. Hab. ad corticem truncorum Pini.

Ce Cytispore a été trouvé, par M. Roberge, sur des troncs morts de jeunes Pins. Deux caractères, faciles à saisir, le distinguent de suite des autres espèces du genre : la couleur de soufre de sa gélatine, lorsqu'elle est humide, ou d'un jaune de citron quand elle est sèche ; puis la prodigieuse petitesse de ses sporidies, qui sont ovoïdes, et n'ont pas plus de 1/350 de millimètre dans leur grand diamètre. Il vient épars, ou en groupes plus ou moins serrés, dans les couches corticales. Il soulève l'épiderme, le perce ou le déchire, pour paraître au dehors, sous la forme d'un tubercule terminé par un disque grisâtre, où aboutissent un, deux ou trois cols noirs, luisans, d'abord obtus, puis percés d'un pore ; ces cols communiquent à un amas de loges noires, en rosettes, comprimées ou irrégulières, enchassées dans un stroma gris, puis brun On parvient, presque toujours, à en faire sortir les sporidies, en humectant légèrement l'écorce.

39. Aylographium vagum , *Nob.*

Peritheciis innato superficialibus , amphigenis, sparsis, ovato-oblongis , simplicibus vel confluente-furcatis, atris; labiis subcristatis. Ascis ellipsoideis; sporidiis oblongis, obtusiusculis; sporulis 4, globosis, opacis. Hab. in foliis exsiccatis coriaceis persistentibus. Vere.

Aylographum, Hederæ , *Lib. Pl. crypt. ard. N.º 272. — Nob. Ann. des Sci. nat. Série 2.*

De nouvelles études nous ayant mis à même de mieux connaître cette espèce , nous avons pensé qu'il était utile d'en signaler encore les caractères, exposés jusqu'ici trop incomplètement. On la trouve sur un grand nombre de plantes à feuilles épaisses , dures ou coriaces, qui conservent pendant l'hiver ; mais pour qu'elle s'y développe , il faut que ces feuilles soient desséchées et tombées à terre. Quelquefois elle n'occupe que la face supérieure du support , mais, le plus souvent, on la remarque sur ses deux faces. Nous l'avons plus particulièrement étudiée, quant à son organisation intime , sur le *Cerasus Lauro-Cerasus, l'Hedera Helix, l'Ilex aquifolium,* et le

Phillyrea lœvis. Ce sont des feuilles de ce dernier arbrisseau que nous donnons dans nos *Plantes cryptogames de France*, pour publier en nature cette curieuse Pyrénomicète encore peu connue. Quelque soit son habitat, ses réceptacles, à peine visibles sans le secours de la loupe, sont épars, d'un noir presque mat, ovales ou oblongs, presque toujours droits, dirigés dans tous les sens, le plus souvent distincts les uns des autres, quelquefois confluens de manière à prendre une forme tricorne ou quadricorne; les plus longs n'ont pas plus d'un millimètre. Les deux lèvres du périthécium sont un peu relevées et figurent une petite crête, reposant sur sa base mince et étalée. Soumis à l'humidité, il s'ouvre par une fente linéaire, ou faiblement élargie au milieu, et laisse voir un nucléus blanc, presque hyalin, offrant, au microscope, des thèques dont la longueur, qui est d'environ 1/30 de millimètre, est à peine double de la grosseur. Ces thèques, dans lesquelles la double membrane est apparente, contiennent des sporidies oblongues, plus grosses à l'une des extrémités, légèrement obtuses, et de 1/80 de millimètre de longueur. Quatre sporules, globuleuses et opaques, sont renfermées dans chacune d'elles.

Les périthéciums de l'*Aylographum vagum*, comme ceux des autres espèces du genre, sont superficiels et se détachent facilement du support, sur lequel on trouve quelquefois, mêlé avec lui, le *Microthyrium microscopicum*.

Les *Aylographum* ayant entr'eux beaucoup de ressemblance, nous venons de donner une description très-détaillée de celui qui nous occupe, afin que l'on puisse le distinguer plus facilement. Les thèques et les sporidies peuvent fournir de bons caractères différentiels, mais on a négligé jusqu'ici de décrire ces organes dans les espèces signalées. Le caractère générique devra même, sous ce rapport, être modifié, puisque les sporidies ne sont pas simples, comme on l'a dit, et comme l'a répété M. Corda, qui, nous n'en doutons pas, aurait relevé cette erreur, s'il eut soumis ces petites productions au bon microscope qu'il paraît posséder.

40. HYSTERIUM ROBERGEI, *Nob*.

H. Innatum, sparsum, nigrum, ovatum, subacutum, applanatum, immarginatum, demùm subconcavum; labiis tuberculosis, disco albicante, rimâ lanceolatâ. Ad paginam exteriorem foliorum aridorum Bromi sylvatici. Hieme.

Par son disque blanchâtre, par ses lèvres tuberculeuses, et par l'absence du rebord que l'*Hysterium herbarum* présente ordinairement lorsqu'il est affaissé, notre plante se distingue suffisamment de cette espèce, à côté de laquelle il faut la placer. Nous la devons à M. Roberge, qui nous l'a adressée en 1839 et en 1842.

SCLEROTIACEÆ.

41. SCLEROTIUM MACULARE, *Fr. Syst. Myc.* 2, *p.* 256. — *Scler. suec. exs. N.°* 425!

S. Amphigenum, erumpens, sparsum, minutum, applanato-globosum vel suboblongum, expallens aut rufescens, demùm nigrescens, intùs albidum, maculæ lacteæ insidens. Hab. ad folia vetusta Betuli, Populi, Lilacis, etc. Hieme.

Quoique assez commune, cette espèce est à peine connue, et nous ne l'avons trouvée mentionnée que dans les deux ouvrages de Fries, ci-dessus cités. Notre description complètera celle du Mycétologue suédois, laquelle n'est pas aussi exacte et aussi étendue qu'on pourrait la désirer. Nous avons étudié cette espèce sur de vieilles feuilles de bouleau et de lilas tombées à terre, et depuis long-temps à demi-détruites. Les endroits que les tubercules y occupent sont d'un blanc de lait, ou seulement blanchâtres par suite de la décoloration, et quelquefois

4

de la destruction partielle du parenchyme. Ils prennent naissance dans sa substance même, dont les recouvrent d'abord les
deux lames de l'épiderme, qu'ils rompent ensuite pour se
présenter des deux côtés de la feuille. Alors ils sont convexes
sur leurs deux faces, arrondis ou un peu oblongs, d'un roux
très-pâle dans le jeune âge, puis plus foncé, et enfin brunâtre.
Leur diamètre ne dépasse point un millimètre, et leur substance
interne est blanche.

Par une erreur que nous ne chercherons pas à expliquer,
M. Fries, à l'*Index* qui termine le tome 3 du *Systema mycologicum*, prétend que son *Sclerotium maculare*, du tome 2,
est son *Perisporium maculare* du tome 3. Il suffira d'avoir
recours au N.º 425 de ses *Scler. suec. exsic.*, où se trouve le
Sclerotium maculare, qui est un véritable *Sclerotium*, du moins
dans notre exemplaire, pour s'apercevoir que ce N.º n'a aucun
rapport avec son *Perisporium*, figuré, par M. Corda, sous le
nom de *Sphœria Perisporium*.

HYMÉNOMYCÈTES.

42. STICTIS HYSTERIOIDES, *Nob. Pl. crypt., édit.* 1, *N.º* **1317**,
édit. 2, *N.º* **717**.

*S. Cupula epi-rarissimè hypophilla, immersa, clausa, hyste-
rina, dein erumpens prominens aperta, ovato-oblonga vel subor-
bicularis. Limbo fusco-atro, subgranulato. Hymenio ceraceo,
helvolo-fulvo aut rufo. Ascis tubulosis; sporidiis oblongis,
obtusis, rectis, hyalinis. Sporulis 4, globosis. Hab. in foliis
exsiccatis Caricum. Vere.*

Cette charmante petite espèce, si bien caractérisée, nous a
été adressée, sous le N.º 28, par M. Roberge, qui l'avait
trouvée, à la fin d'avril 1842, dans un bois humide, à Biéville,
près Caen. Elle y était en abondance sur toute l'étendue de la

face supérieure, quelquefois aussi, mais rarement, sur la face
inférieure des feuilles desséchées d'un *Carex*, que notre esti-
mable correspondant croit être le *riparia*. Ses cupules, assez
nombreuses, ne paraissent à l'œil nu, lorsqu'elles sont sèches,
que comme des points brunâtres, ovales ou oblongs, simulant
un *Hysterium*. Elles sont alors recouvertes par l'épiderme,
qu'elles ont soulevé et fendu, et qui ensuite s'est affaissé avec
elles. Mais si on l'humecte, on s'aperçoit distinctement qu'elles
sortent de dessous l'épiderme soulevé et fendu, et où elles
étaient repliées à l'état sec; elles en écartent les bords,
s'ouvrent en prenant une forme d'abord alongée, puis ovale,
et enfin plus ou moins orbiculaire, suivant le dégré d'humidité
auquel on les soumet. Ces cupules sont ordinairement distinctes
les unes des autres, quelquefois, cependant, on en trouve qui
sont confluentes par leurs extrémités ou par leurs côtés. Elles
sont toujours dirigées dans le sens longitudinal du support,
éparses ou plutôt disposées parallèlement entre ses nervures, et
affectant quelquefois un peu la disposition linéaire, lorsqu'elles
sont tout-à-fait ouvertes; leur longueur est d'environ un millimètre; leur couleur approche de celle du jaune-paille, quelquefois aussi elles ont une teinte de chair; mais le plus souvent
elles offrent la nuance jaune-sale ou roussâtre; leur bord est
noirâtre et légèrement granulé lorsqu'on l'examine avec une
forte loupe. Les thèques sont plutôt tubuliformes qu'en massue;
elles ont environ 1/15 de millimètre de longueur, et renferment
des sporidies hyalines, oblongues, obtuses, droites, longues de
1/50 de millimètre. Chacune des sporidies contient quatre
sporules globuleuses. Les paraphyses sont nombreuses, et beaucoup plus longues que les thèques.

Il ne faut pas confondre cette espèce avec le *Stictis seriata*,
Lib., qui vient aussi sur la feuille des *Carex*, et dont les cupules,
arrondies et beaucoup plus petites, sont plus nombreuses, plus
praprochées, et forment plus distinctement des lignes parallèles

L'analyse que nous avons faite de son hyménium, nous a présenté des thèques plus petites, et des sporidies qui n'avaient que 1/150 de millimètre ; elles ne contenaient que deux sporules et plusieurs d'entr'elles étaient légèrement courbées.

43. Stictis versicolor, *Fries*, *Syst. myc.*, 2, p. 198.

Var. Strobilina, *Nob. Pl. crypt., édit.* 1, *N.*º 1316; *édit.* 2, *N.*º 716.

Cupula angulato subrotunda vel oblonga, plana, intùs albida; disco lacteo, farinoso, demùm spadiceo. Hab. ad strobilos dejectos Pini sylvestris. Autumno et vere.

Cette variété se développe, le plus souvent, sur la face extérieure des écailles de vieux cônes, et quelquefois aussi sur la face intérieure. Ses cupules sont arrondies, oblongues, anguleuses ou irrégulières, solitaires ou en groupes, et entourées d'un bord roussâtre, assez saillant, formé par l'épiderme déchiré. La poussière blanche qui les recouvre s'enlève plus ou moins par la suite, et les laisse voir d'une couleur marron. Leur diamètre varie d'un millimètre quand elles sont arrondies, à trois millimètres environ quand elles sont alongées ou difformes. Leur substance interne est blanchâtre ou d'un bai très-pâle. L'hyménium offre des thèques claviformes, très-grandes (1/8 de millimètre), contenant huit sporidies oblongues, obtuses, un peu courbées, et longues d'environ 1/50 de millimètre. Nous avons vu distinctement que chacune d'elles renfermait souvent deux, trois, et même jusqu'à quatre sporules globuleuses et hyalines.

Il ne faut pas confondre cette Cryptogame avec le *Stictis rhodoleuca*, Sommerf., espèce que nous ne connaissons pas, qui se développe aussi sur les cônes du *Pinus sylvestris*, et qui paraît différer principalement de notre plante par un disque d'un rose blanchâtre à l'extérieur (jaune à l'intérieur), et par des sporidies toujours didymes.

44. Peziza brunnea, *Alb. et Schew. Consp.*, *p.* 317, *tab.* 9. *fig.* 8. — *Nob. Pl. crypt.*, *édit.* 1, *N.*º 1312; *édit.* 2, *N.*º 712.

Cette espèce a été trouvée dans le Calvados, au mois de septembre, par M. Roberge; elle était sur la terre, le long de la crète d'un sentier. Je l'ai reçue également de la Hollande, où elle avait été prise dans un bois de Sapins. Nous doutons que le *Peziza,* figuré par M. Corda dans le *Deutsch. Fl. Heft.* 7, *tab.* 28, appartienne à cette espèce, et nous croyons que l'on ne peut y rapporter, avec M. Berkeley, le *Peziza hybrida*, Sow., tab. 369, fig. 1.

45. Peziza episcopalis, *Dufour*, *in litt.*

P. Sparsa, sessilis; cupulis minutis, subhemisphæricis. concavis; extùs tomentellis, cinereo-cæsiis amænè subviolaceis, intùs pallidè aurantiacis. Ascis clavatis; sporidiis biserialibus, oblongis, subcylindricis; sporulis 4, globosis, opacis, refertis. Hab. in Gallià, ad truncos Quercuum. Nob.

Cette remarquable et élégante espèce a été trouvée, pour la première fois, par M. L. Dufour, il y a près de quarante ans, sur la vieille écorce des troncs de chêne, soit à Fontainebleau, soit à Saint-Sever. Ce savant ami voulut bien nous en communiquer un échantillon, qui resta jusqu'à ce jour sans description dans notre herbier. Nous retrouvâmes nous-mêmes, mais une seule fois, cette espèce dans les environs de Lille, et cette découverte nous engageait déjà à la publier, lorsque M. Prost, en 1840, nous fit passer, sous le N.º 112, la même plante, qu'il avait aussi observée sur le chêne, dans les environs de Mende. Tous ces échantillons sont parfaitement identiques et font penser que, quoique assez rare, le *Peziza episcopalis* peut se rencontrer dans toute la France. La grandeur de ses cupules varie d'un à deux millimètres, et leur brillante couleur, d'un gris-bleu très-pâle et violacé, distingue, au premier coup-d'œil, cette espèce de ses voisines. Les thèques ont environ 1/15 de millimètre de longueur, et les sporidies qu'elles contiennent 1/80.

46. Peziza albo-testacea, *Nob.*

P. Erumpens, sessilis, exigua, sparsa, flocculosa, alba et testacea, hemisphœrica; sicca clausa, humida disco aperto carneo. Hab. in culmis Graminum, primo vere.

Des échantillons de cette Pezize ont été récoltés, au mois d'avril, par M. Roberge, près de Caen, dans le parc de Lébisey, que nous avons déjà cité comme une localité remarquable par le grand nombre de petits champignons que l'on y trouve. L'extérieur de notre espèce est d'un rouge de brique, mais les poils qui la recouvrent sont blanchâtres à leur sommet, surtout dans la jeunesse de la plante. Sa cupule, ouverte par l'humidité, est une soucoupe qui n'a pas plus d'un millimètre. Les thèques sont petites. Nous n'avons pu observer assez distinctement leurs sporules pour les décrire.

Le *Peziza albo-testacea* appartient à la division des *Lachnea dasiscyphæ sessiles*.

47 Peziza atrata, *Pers. Syn. fung., p.* 669.

Var. foliicola, Nob. Pl. crypt., édit 1, *N.º* 1313; *édit.* 2. *N.º* 713.

P. Maculis irregularibus, brunneo-griseis; cupulis minutissimis, sparsis vel gregariis. Occurrit in foliis siccis Plantaginis lanceolatæ. Hieme.

Cette variété occupe les deux faces des feuilles, mais prin-

cipalement la supérieure; elle forme sur l'épiderme des taches
irrégulières, brunes à l'état humide, et d'un gris de plomb à
l'état sec. Sa cupule, du reste, est tout-à-fait semblable à celle
du *Peziza atrata*, et l'analyse microscopique de son hyménium
nous a représenté les mêmes thèques claviformes, dont la longueur est de 1/20 de millimètre. Les sporidies, dans l'une
comme dans l'autre, sont oblongues, longues de 1/100 de
millimètre environ, et contiennent également deux sporules
globuleuses.

48. Peziza umbrinella, *Nob.*

*P. Sessilis, erumpens, ceraceo mollis, sparsa, minuta, orbi-
cularis, glabra, umbrino-pallens, plano convexa, sicca con-
cava; margine acuto, brunneo, integerrimo, vix prominente.
Ascis clavatis; sporidiis hyalinis, uniseptatis, oblongis, subfu-
siformibus. Hab. ad caules Solidaginis.*

Cette Pézize occupe sur les tiges des taches blanchâtres. En
sortant de dessous l'épiderme, elle est d'abord en soucoupe,
puis plane et même convexe. Son diamètre est de deux tiers
de millimètre; elle a la transparence de la cire. Ses thèques
offrent des sporidies qui ont environ 1/80 de millimètre de longueur, et les paraphyses sont terminées par un renflement
presque globuleux.

Par sa grandeur, sa forme, sa consistance et sa couleur,
cette espèce a quelque rapport avec le *Peziza Cerastiorum*,
qui se développe sur les feuilles vivantes des *Cerastium*: cependant cette dernière espèce est un peu plus jaunâtre; ses sporidies sont plus petites, non ventrues, et elles contiennent, aux
extrémités, deux sporules globuleuses et opaques. Ses paraphyses sont aussi dépourvues du renflement très-remarquable
dont nous avons parlé plus haut.

49. Helotium perpusillum , *Nob.*

H. Sparsum , minutissimum , aquose album , glabrum ; capi-
tulo hemisphærico. Stipite capillari elongato. Hab. ad folia arida
Graminum. Vere.

M. Roberge nous a adressé, du parc de Lébisey, près de
Caen, ce très-petit *Helotium* , qu'il a trouvé, en avril, sur des
feuilles sèches de Graminées. Il n'a pas plus d'un millimètre de
hauteur, et sa tête un tiers de millimètre environ. Toute la
plante est blanche à l'état frais, mais elle prend une teinte
rougeâtre ou fauve en se desséchant. Les individus de cette
espèce sont épars et peu nombreux sur la feuille , du moins
dans les nombreux échantillons que nous avons sous les yeux.

50. Chætostroma Buxi , *Corda, Icon. fung.* 2, *p.* 29, *fig.* 107.

Var. Rusci , *Nob. Pl. crypt., édit.* 1, *N.º* 1319; *édit.* 2 ,
N.º 719.

C. Floccis sterilibus continuis, sporidiis duplo minoribus. Hab.
in foliis siccis Rusci aculeati.

Le grand nombre d'échantillons soumis au microscope, nous
fait croire que le caractère indiqué ci-dessus est constant. Nous
avons aussi remarqué que les sporidies sont moins grosses que
dans le type.

51. Isaria episphæria , *Nob.*

S. Simplex , microscopica , candida , pulveracea, adulta gla-
brata piliformibus. Basidiis simplicibus , brevibus; sporulis
minutissimis , ovoideis, hyalinis. In Sphæria isariphora parasi-
tica. Vere.

De toutes les espèces nouvelles que nous avons fait connaître
jusqu'ici , cet Isaire est, sans contredit, celle qui nous a fait le

plus de plaisir, et qui est réellement la plus extraordinaire, non-seulement par son habitat et son extrême petitesse, mais encore par sa position et sa forme insidieuse, qui nous l'avaient fait prendre, aidé même d'une forte loupe, pour le cirrhe de quelque espèce du genre *Septoria*. En effet, que l'on se figure un simple filet d'un beau blanc, légèrement pulvérulent, à peine long d'un quart de millimètre, paraissant sortir du pore même dont chaque périthécium est percé, et l'on aura une idée exacte du champignon microscopique que nous signalons. Les sporules qui le recouvrent sont ovoïdes, de 1/150 de millimètre dans leur grand diamètre, et portées chacune par une basidie ou pédicelle, qui n'atteint pas même cette longueur. Après la chûte des sporules, l'aspect pulvérulent disparaît entièrement, et la loupe ne permet plus de distinguer la plante, que comme un très-petit poil blanc, droit ou incliné, légèrement élargi à la base, et implanté au sommet de la loge de la Sphérie.

Cette espèce curieuse est, comme nous l'avons dit plus haut, parasite sur notre *Sphæria isariphora*, qui se développe sur les *Stellaria media* et *holostea*.

52. Pistillaria incarnata, *Nob. Pl. Crypt. édit.* 1, *N.*º 1310, *édit.* 2. *N.*º 710.

P. Sparsa, minutissima. Clavula ovato-clavata; obtusa, interdùm compressiuscula, subsulcata; recens incarnata, exsiccata testacea. Stipite cylindrico, attenuato, glabro, concolori. Sporis subovatis, hyalinis. Hab. in foliis exsiccatis Scirpi. Autumno.

Cette espèce, assez rare, n'a qu'un millimètre ou deux; son pédicelle cylindrique forme la moitié de cette hauteur. Il s'évase au sommet en une tête ovoïde ou en massue, obtuse, quelquefois légèrement applatie, et souvent marquée d'une ou deux fossettes ou d'un large sillon. Ce petit champignon diffère par sa couleur des *Pistillaria coccinea* et *micans;* il n'a pas , comme ce dernier, cet aspect brillant que donnent les sporules hyalines et très-saillantes de la membrane fructifère. Nous l'avons observé, en automne, sur des feuilles sèches que nous croyons être celles d'un Scirpus.

53. CLAVARIA JUNCEA, *Fr. Obs. Myc.* 2, *p.* 291 ; *Syst. Myc.* 1 , *p.* 479 ; *Elench.* 1, *p.* 231; *Epic. p.* 579. — Clavaria juncea, a; Cl. pilosa et Cl. virgultorum, *Pers. Myc. Eur.* 1, *p.* 176, 177, 186.

Var. Gracilis , *nob. Fibrillosa , parasitica suprà Sclerotium scutellatum complanatum. Pl. Crypt. édit.* 1, *N.*° 1309 ; *édit.* 2, *N.*° 709 *et Sc.*

Clavaria phacorrhiza, *Reich. in Sch. der Berl.* 1 , *p.* 315. — *Dicks. Pl. Crypt. Fasc.* 2, *p.* 25. — *Pers. syn. fung. , p.* 607 , *et Myc. Eur.* 1, *p.* 192. — *Sow. Engl. fung. tab.* 233. — Typhula phacorrhiza , *Fr. Syst. Myc.* 1 , *p.* 495 , *Elench. fung.* 1, *p.* 236, *et Epic., p.* 585. — *Berk. Brit. fung , p.* 180. — *Wallr. Comp. Fl. Germ.* 2, *p.* 530. — Phacorrhiza filiformis , *Grev. Scott. Crypt. fl. tab.* 93.

Cette variété , qui ne diffère du type de l'espèce que parce qu'elle est plus grêle et parasite de divers *Sclerotium* , a donné lieu à une erreur grave, les auteurs ayant pris le *Sclerotium* pour un tubercule particulier au champignon. La description qu'ils ont donnée de leur *Typhula*, qu'ils disent constamment très-simple , prouve aussi, ou qu'ils ont répété l'inexactitude du premier botaniste qui en a parlé, ou qu'ils n'ont pas suivi la végétation de cette plante dans les lieux où la nature l'a placée. Plusieurs autres *Typhula* prennent aussi naissance sur des *Sclerotium :* le *Typhula sclerotioides*, Fr. (*Phacorrhiza Sclerotioides* , Pers. Myc. — Moug. Exs. N.° 885) , par exemple, n'a d'autre origine que le *Sclerotium semen.*

La Clavaire qui nous occupe croît, en automne, dans les
bois. Ses individus sont très-rapprochés les uns des autres et se
montrent, comme de petits dards dressés parmi les tas de
feuilles à demi-pourries, où se trouvent les *Sclerotium scutellatum et complanatum,* au bord du disque desquels ils prennent
toujours naissance. Le plus souvent, on ne trouve qu'une clavaire sur chaque *Sclerotium*, mais quelquefois aussi on en
compte deux et même trois. Elles sont d'une couleur fauve-pâle,
droites ou flexueuses, longues de cinq à huit centimètres,
épaisses d'un millimètre, amincies aux extrémités, simples ou
n'offrant que quelques rameaux courts. Indépendamment de
ces clavaires, il naît souvent du *Sclerotium* d'autres individus
qui sont égaux dans leur diamètre, filiformes, se divisant en
rameaux nombreux et alongés. Ces gros filaments, que l'on peut
considérer comme des clavules avortées, sont mous, rampants,
et lorsqu'ils rencontrent une feuille, ils s'y attachent par un
duvet blanc très-court (voyez notre figure du type (*Mém. de la
Soc. roy. de Lille*, 1828 ; *Pl.* 6, *fig.* 1). Le reste de la plante est
glabre, excepté à sa base, où existe une légère villosité.

La Clavaire dont il est ici question ayant été récoltée en
octobre, n'a donc pu se développer, ainsi que le fait remarquer
M. Roberge, de qui nous la tenons, que sur des individus de
Sclerotium avancés en âge, c'est-à-dire, sur des individus de
l'année précédente. Ils crevaient lorsqu'on les pressait entre les
doigts et laissaient échapper un liquide épais et blanchâtre.

Imprimé en France
FROC031252210120
23229FR00008B/119/P

9 782329 360645